インプレス R&D ［ NextPublishing ］

New Thinking and New Ways
E-Book / Print Book

送電線は行列のできる ガラガラのそば屋さん？

安田 陽 ｜ 著

送電線の空容量ゼロで、再エネが接続できない例が多発！

しかし、送電線は本当に空いていないのか？

全国基幹送電線全399路線のデータを示し、深層を探る！

impress
R&D
An impress
Group Company

JN206564

はじめに

　あるところにそば屋さんがありました。この地方には飲食店はここ1軒しかなく、この店しか選択肢がありません。元もとなかなか入れないお店で、店の前は大行列ですが、ついに最近、予約いっぱいで入店お断りになってしまいました。2号店を作ったら入れるようになるらしいですが、数年待ちでしかも2号店の建設資金を客が負担しないと入店できないそうです。ちょっとお店の中を覗いてみると…、客はまばらでガラガラです。さらによく見てみると、テーブルには「予約席」と書いてあり、しかもその予約客は1年経っても結局来ませんでした。このそば屋さんはどうやってお店の経営を成り立たせているのでしょう。

　こんなそば屋は実際にはあり得ないでしょうが、似たようなことが現実に起こっています。それが現在の日本の送電線です。

　太陽光発電や風力発電などの再生可能エネルギー（再エネ）が徐々に増えるにつれ、日本各地で送電線の**空（あき）容量**が足りなくなっているという発表が電力会社から出始め、特に東北地方は青森・秋田・岩手の3県の全ての地域で「空容量ゼロ」であることが昨年5月に公表されました。

　それらの地域（現在では山形県を含む4県のほとんどの地域）では、新しい発電所を送電線につなぐことが事実上できなくなっています。そのほとんどが再エネです。これが、ここ最近クローズアップされてきている**送電線空容量問題**です。

再エネを日本に導入する際に、現在最も大きな障壁となっているものの一つが**系統連系問題**または送電線接続問題と呼ばれる問題です。再エネの発電所を送電線につなぐ際には、さまざまな技術的・制度的問題が立ちはだかっていますが、その中でもこの送電線空容量問題は、現在最も喫緊の課題としてクローズアップされています。多くの地域で送電線の空容量がゼロになったということが電力会社から公表されつつあるからです。

　「発電所をせっかく計画・建設しても送電線につなげない」、あるいは「つなげるには数億円規模の莫大な工事費用を電力会社から請求され、何年も待たされる」という問題に、現在多くの発電事業者が直面しています。このような数億円もの工事費用や何年もの待機時間は、これから発電所をつなごうとする送電線やその上位の送電線の増強・新設工事のためだと電力会社は説明しています。

　しかし「空容量ゼロ」というのは本当でしょうか？　なぜ再エネは接続できないのでしょうか？　なぜ再エネ事業者は数億円もの工事費用や何年もの待機時間を強いられるのでしょうか？　さまざまな素朴な疑問が浮かび上がります。

　本書では、この問題をエビデンスベースで調査・分析することにしました。対象とするデータは、電力広域的運営推進機関がウェブサイト上で一般公開している全国基幹送電線・全399路線のデータです。これらのデータを元に、各送電線の利用率や実際の空容量、送電線の混雑率などを算出しました。本書後半ではこの全399路線ついて、過去1年間にその送電線に実際に流れた電力の波形を一挙公開することにしました。

　エビデンスがない議論は、疑心暗鬼になったり水掛け論の白黒論争に陥りがちです。エビデンスがあれば、さまざまな立場やさまざまな主張をする人々が同じデータを見て論理的・建設的に議論することが可能になります。本書を元に、エビデンスと科学的論理性に基づく、真摯で建設的な議論が多くの人の間で行われることを望みます。

2018年2月

京都大学大学院 特任教授

安田　陽

目次

1

第1章　「そもそも論」を考える

◉

1.1 送電線に本当に空容量はないのか？

「送電線空容量問題」は、再生可能エネルギー（再エネ）の導入を阻む最も喫緊の課題としてクローズアップされています。

現在、日本各地で送電線の「空容量」がゼロになったということが電力会社から公表されつつあり、再エネの発電所を計画・建設しても送電線に接続するには数億円規模の莫大な工事費用を電力会社から請求され、何年も待たされる状態が全国で数多く発生しています。これは、事実上の接続拒否とも言われています。

送電線空容量問題小史

送電線空容量問題は、つい最近にわかに発生したものではありません。すでに2014年ごろには、いくつかの送電線で「空容量がゼロ」になったことが電力会社より発表され、当該のエリアで発電所の建設を考えていた事業者や地域の市民が困っているという状況が散発的に発生していました。

この問題が本格的になったのは、2016年5月30日に東北電力が青森・秋田・岩手の3県の地域全域にわたって「空容量がゼロ」であることを発表してからです[1]。この時、再エネ業界には激震が走りました。

これまで「空容量ゼロ」とされていた送電線は人口があまり多くない地域の末端の電圧の低い送電線で多かったのですが、2016年5月の段階で、電圧の高い基幹送電線を含む北東北3県全エリアで空容量ゼロが発表されたからです。

これはのちに山形県のほとんどのエリアにも拡大します。すなわち、「山形県のほとんどを含む北東北4県では、当面もうこれ以上再エネは導入できない」ということになってしまいます。

当時この問題を取り上げるメディアも多くなく、これが問題であることすら世間的にはあまり知られていない状況でした。

この問題を大きく取り上げたメディアは、筆者の知る限りでは、『週刊東洋経済』が最初です。2017年9月30日号（9月23日発売）の特集『再エネが接続できない送電線の謎』において、「空き容量はゼロでも送電線はガラガラ」として、東北地方の主要な基幹送電線の簡易的な利用率の計算結果が公表されました[2]。

続いて10月2日および10月5日には、筆者が所属する京都大学再生可能エネルギー経済学講座のウェブサイトに、「送電線に「空容量」は本当にないのか？」と題した研究速報的なコラムが掲載され[3], [4]、東北および北海道の主要幹線における**実潮流に基づく利用率**や空容量の分析結果が公表されました（図1-1-1）。実潮流とは、実際に送電線に流れた電力を測定した結果

得られる値のことです。

図1-1-1　京都大学再生可能エネルギー経済学講座コラム（2017年10月2日掲載）

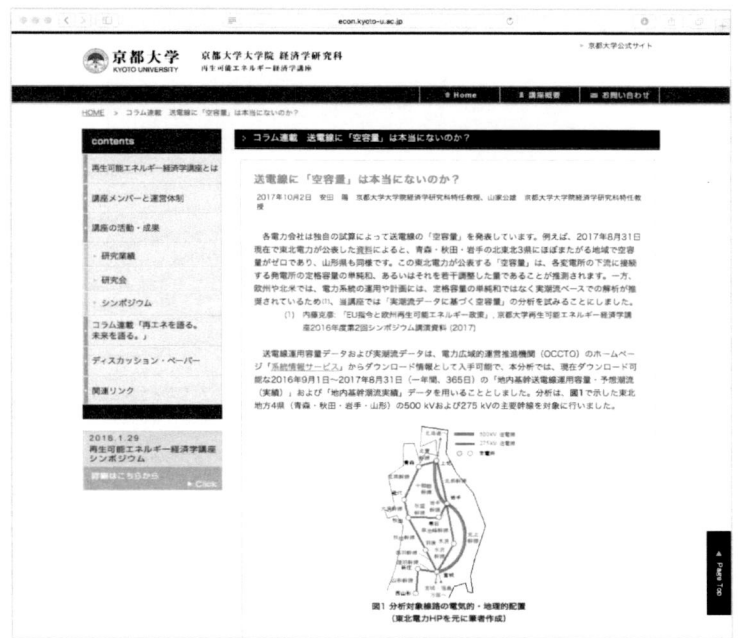

その後、この送電線空容量問題は、新聞、テレビなど各種メディアに取り上げられ、インターネットやSNSでも比較的頻繁に扱われるようになりました。今まで、当該の関係者のみが頭を抱えていた（場合によっては泣き寝入りしていた）問題が、社会問題として大きくクローズアップされ、ようやく一般の方々も気付き始めた、という状況です。これまで送電線空容量問題を取り上げたメディアは、筆者の知る限りでも、朝日新聞、北海道新聞、NewsPicks、日刊工業新聞、ハフポスト、NHK、テレビ朝日、聖教新聞、日経新聞、信濃毎日新聞、TBSラジオ、アゴラ、東京新聞、しんぶん赤旗、毎日新聞、週刊朝日、産経新聞などがあります（掲載・放映日順）。

さらに2017年12月には、風力エネルギー学会主催の風力エネルギー利用シンポジウムにてこの問題を学術的に分析した論文を筆者らの研究グループが発表し[5]（現在、同論文に大幅加筆する形で学術誌に論文を投稿中）、学術的にも分析が進められています。さらに2017年1月29日は京都大学再生可能エネルギー経済学講座で緊急シンポジウムを開催し、全国調査について速報的な講演を行いました。本書はその学術研究の成果のうちの一部でもあります。

送電線に空容量はないのか？

図1-1-2は電力会社が「空容量ゼロ」であると公表した送電線の1年間の実潮流の時系列グラフの例です。詳細な説明は1.2節以降で行いますが、図の中ほどの太い実線で描かれた左右につながる曲線が**実潮流**（実際に流れた電力）の1年間観測波形であり、図の上下の直線が**運用容量**（「ここまでは安全に流せます」という指標）を示しています。

この図の例では、運用容量が10,000MW（1,000万kW）程度あるのに対し、実潮流の年間平均値は2.0%、最大で一番大きくなった時でも8.5%しかありません。それでも「空容量はゼロ」と電力会社からは公表されています。

図1-1-2　空容量ゼロとされた送電線の潮流実績および運用容量の時系列グラフ例

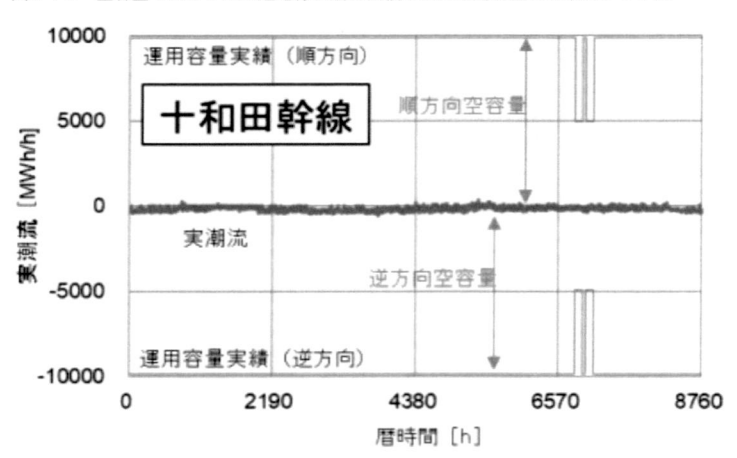

　また図1-1-3は、各電力会社の基幹送電線（電圧上位2階級）全399路線の利用率の電力会社ごとの平均値をとったものです。図では同時に、電力会社から「空容量ゼロ」と公表された路線の電力会社ごとの平均利用率も並べてあります。

図1-1-3　送電線利用率の電力会社ごとの平均値

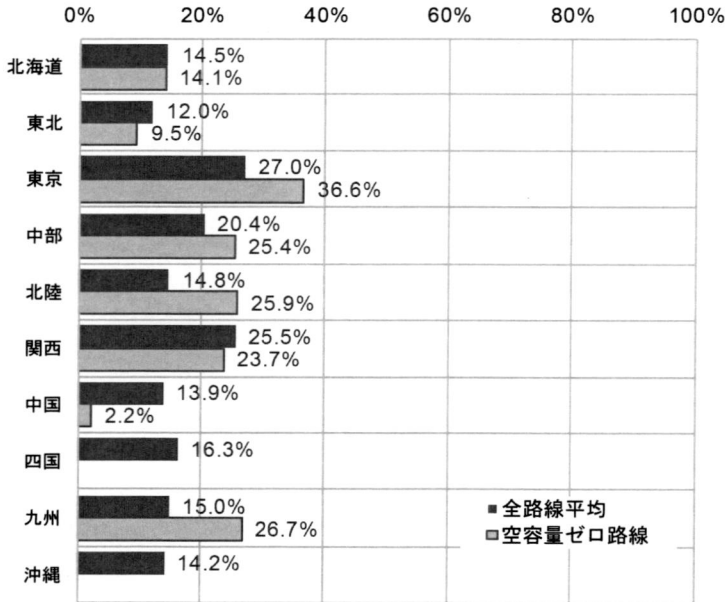

　送電線利用率の全国平均は19.3%であり、「空容量ゼロ」と公表された路線だけを抜き出して

平均をとってみても、いくつかの電力会社で利用率は20%未満にとどまっています。

　この状況は、例えていうならまさにこの本の冒頭で述べた**「行列のできるガラガラのそば屋さん」**状態です。空容量がゼロと公表されながら、実際に送電線は数%から2割程度までしか使われていません。その状態が少なくとも1年以上は続いています。それなのになぜ、店の前で行列をなしている発電事業者（そのほとんどが再エネ）は数億円もの工事費用を請求されたり、何年も待たされるのでしょうか？　電力会社の公表する空容量と実際の利用状況がこれほどまでに乖離するのはなぜでしょうか？

　その理由は、単純に電力会社が公表する空容量の算出方法と、本書で用いた空容量の算出方法が異なるだけなのですが、ではなぜ2つの算出方法でここまで結果が大きく異なってしまうのでしょうか？　これを追求していくことが、現在日本で発生している送電線空容量問題をはじめとするさまざまな系統連系問題を解くための鍵となります。

　このようなデータを分析して公表すると、「電力会社はウソをついている！」とか「騙された！」という意見も出てきそうです。実際、SNSではそのような書き込みも少なからず見られます。また、「利用率で議論すること自体、意味がない！」と、問題をできるだけ隠蔽・矮小化しようとする主張も見られます。この送電線空容量問題が各種メディアで比較的大きく報道されるにつれ、センセーショナルに数値を取り上げたり、恣意的に解釈することも目立ち、荒れた議論が増えてきているのも事実です。

　しかし、筆者はそのような荒れた議論には組みしたいとは思いません。そのような想像力を膨らませる方法は、当座のストレス解消や鬱憤晴らしにしかならず、本質的な問題解決からかえって目を逸らしてしまうことになりかねません。互いに立場の異なる人や組織が同じデータから異なる見解を述べた場合、なぜその違いが発生するのかその理由を深く掘り下げていくことが、問題解決のための確実な方法です。

　続く節では、単に空いているか空いていないか、数字が高いか低いかという表層的な議論だけでなく、「なぜこのような状況が発生するのか」についても解説していきます。

1.2 そもそも送電線の空容量とは何か？

　そもそも、送電線の「空容量」とはなんでしょうか？ 安全のためにある程度空容量が必要だとすれば、なぜ必要になるのでしょうか？ 本節では電力の安定供給に必要な基本的な概念を説明します。

設備容量（熱容量）と運用容量

　一般的な送電線は、図1-2-1のイラストに示すとおり、送電鉄塔の左右に3本ずつ、計6本の電線が架けられています（厳密には、一番上にさらに接地線が1〜2本架けられていますが、それらは実際に電流が流れるメインの電線に比べ細く、図では示されていません）。送電線は三相交流で電気を送るので、1回線で3本の電線が必要です。図1-2-1のように6本の電線があるということは、1つの送電線ルートに2つの回線があるということを意味します。このような方式は一般に**平行2回線**と呼ばれます。

図1-2-1　三相2回線からなる送電線 [6]

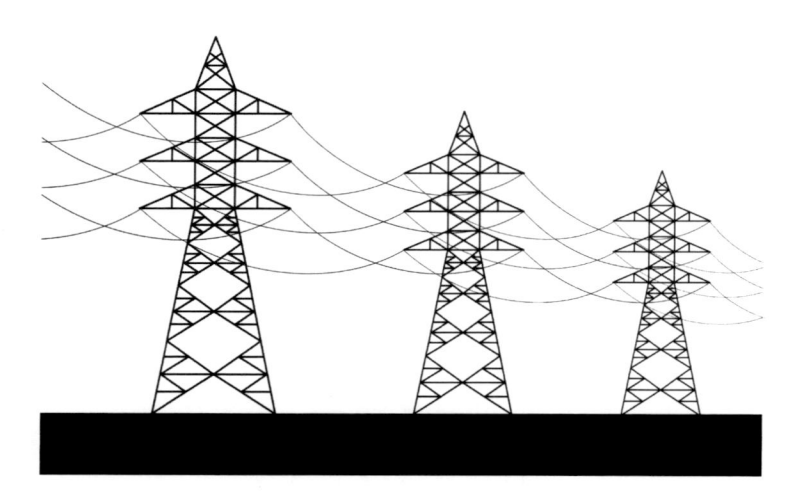

　1つのルートでわざわざ2回線（ダブル）で電気を送るのは、「**冗長性**（リダンダンシー）」の設計思想からきています。送電線は、2回線あるうちの1つが万一雷や台風などによってショートした場合（これを**供給支障事故**といいます）でも、瞬時に（数秒以下で）もう1つの健全な回線に切り替えて、安全に電気を流し続けられるように設計されています。「冗長」という言葉はしばしば無駄なことのようでネガティブな印象を与えますが、電力工学や安全工学ではシステム全体の健全性を維持するための重要な概念です。特定の送電線で事故があっても、基本的に

は一般家庭や工場などの需要家には影響を与えず、できるだけ停電が発生しないように電力システムは設計されています。

　図1-2-2は、経済産業省が2017年12月26日付で送電線空容量問題に対して公表したウェブ資料（スペシャルコンテンツ）[7]で用いられた空容量の説明図です。送電線の中を通る電力の流れ（専門用語で**電力潮流**もしくは単に**潮流**といいます）をパイプの中を流れる水に例えて説明しています。

図1-2-2　送電線のイメージ（単純な2回線の場合）[7]

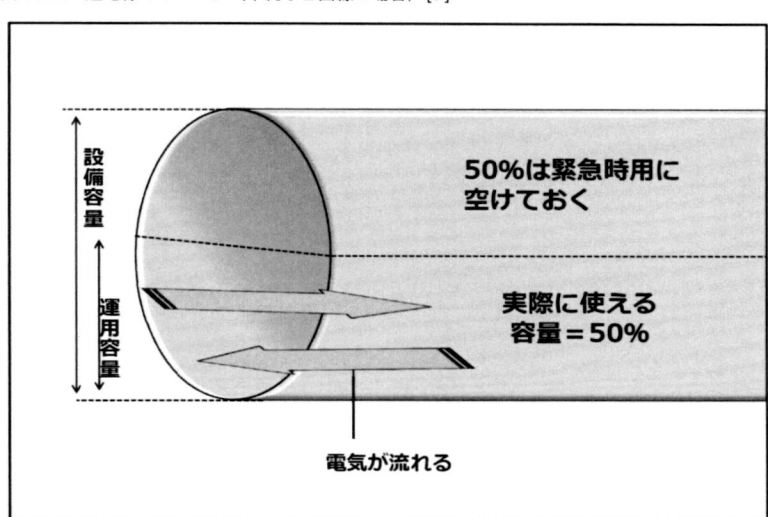

　この図では単純な2回線の場合の**設備容量**と**運用容量**のイメージがパイプの太さとその中を流れる水の限界値という比喩で説明されています。

　設備容量とは、物理的な安全性を考慮した送電線に流せる電力の最大値（限界値）のことで、これは発電機やモータなど他の電力設備でも使われる比較的一般的な用語です。一方、運用容量は完全に電力工学の専門用語なので、少し説明が必要かもしれません。

　送電線は冗長性の設計思想で建設されているということは既に述べました。1ルート2回線の送電線に突然事故があったときにも、そのまま安全に電力を送り続けられるようにするためには、2回線とも普段から目一杯使うわけにはいかず、常時ある程度空けておかなければなりません。

　例えば、2回線とも設備容量の60%ずつ電気を送っていたとします。そこで突発的な事故が発生し2回線のうちの1つがショートした場合、瞬時にもう1つの健全な回線に切り替えたとしてもその回線に120%の電気が流れてしまうため、もう1つの健全な回線もその段階で容量オーバーとなり故障してしまいます。つまり、通常時の電力は両回線で合計50%までしか使わず、残り50%は緊急時用に常に開けておかなければならない計算になります。これが運用容量の考え方です。

　もっともこれは、AエリアとBエリアの間に平行2回線1ルートしか存在せず、一方に発電機

のみ、他方に負荷しか接続されてない場合にのみ成り立つ極めて理想化された特殊な仮定での話です。1ルート4回線の送電線の場合は、単純計算で75%まで流すことが可能となります。さらに、複数のルートがある場合は万一の事故の際に他の回線に迂回させることも可能です。

　ある送電線に万一雷や台風などによって故障や事故があった場合、瞬時に安全に他の送電線ルートに切り替えるとすると、この送電線自体の状況だけでなく、他の隣接する送電線ルートの状況や、そこにつながっている発電機や負荷（工場や家庭の電気設備）の状況も考慮しなければなりません。それらの状況は時々刻々と変化します。そのため、運用容量は図1-2-2のように単純にいつでも50%というわけではありません。図1-2-2はあくまで極めて単純化された条件でのわかりやすい説明のための図であり、「全ての路線で常に必ず50%空けておかなければならない」という意味ではないことに留意ください。ネットなどの議論を見ていると、この「50%」という数字が一人歩きしているような気がします。

　このように、「万一1回線故障したとしても安定的に電力系統全体の運用が継続できる」という系統運用の考え方は、**N-1（エヌ・マイナス・ワン）基準**と呼ばれます。安定的に電力系統全体の運用が継続できるように常にN-1基準を満たすためには、「普段から空けておく」容量が必要です。

　なお、雷や台風などで2回線以上が同時に事故を起こすことは確率論的に非常に稀で、仮に1つの出来事が発生する確率が0.1%であれば、2つの出来事が同時に発生する確率は、0.1%×0.1% = 0.001×0.001 = 0.000001 = 0.0001%という計算になります。したがって、このような稀頻度な事象には、原則としてコストをかけて対応しないという考え方もあります（日本の場合、重要な送電線は2回線同時故障にも対応する場合もあります）。

　このように「普段から空けておく」ことは、電力の安定供給のための送電会社の権利であり義務だと言えます。したがって、ネットやSNSなどでしばしば見られる「空いているのに使わせないのはけしからん！」という批判は、少々的外れであることがわかります。

運用容量の定義

　以上のことを専門用語も交えて説明すると、運用容量は、

・電力設備（送電線、変圧器、発電機等）に通常想定し得る故障が発生した場合でも、電力系統の安定的な運用が可能となるよう、予め決めておく連系線の潮流（電気の流れる量）の上限値のこと [8]

と定義することができます。これは、電気事業法に基づき日本の電気事業の広域的運営を推進することを目的として設立された**電力広域的運営推進機関**（以下、広域機関と略）によって定められた定義です。

　さらに、この運用容量の上限値は、

・電力系統を安定的に運用するためには、熱容量等、同期安定性、電圧安定性、周波数維持それぞれの制約要因を考慮する必要があり、4つの制約要因の限度値のうち最も小さいものを連系線の運用容量としている[8]

とも定められています。この関係を図1-2-3に示します。

　ここでは細かい専門用語をいちいち追っていく必要はありませんが、図に示すようにさまざまな「安全上の限度」がある中で、一番小さい値（安全側の値）を時々刻々と変化する運用容量とみなす、というポイントを押さえておけばOKです。いくつかの安全上の限度のうち、最も小さい値を運用容量と定めることにより、送電線で万一事故が起こった時にも、停電を発生させず電力の安定供給を維持することが可能となります。

図1-2-3　運用容量の考え方（広域機関の諸資料を基に筆者作成）

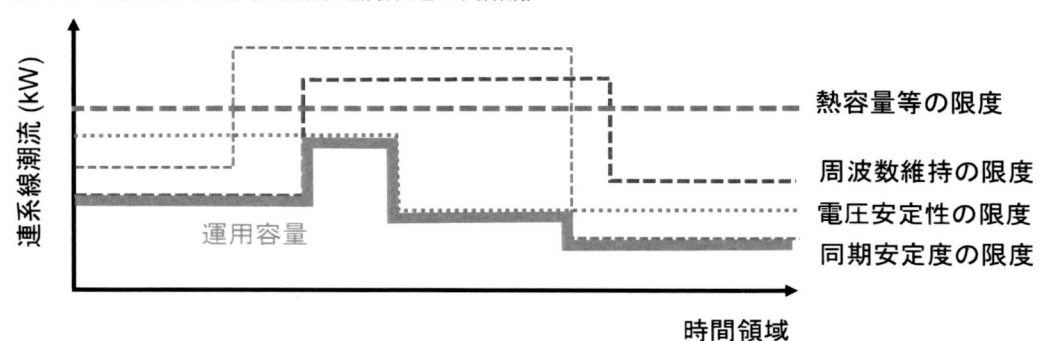

　ちなみに、図1-2-3の中で**熱容量**という用語が登場しますが（図のまっすぐな点線）、これは送電線が物理的（熱的）な観点から安全に電流を流せる上限値で、前述の図1-2-2の「設備容量」に相当します。

　なお、ここで注意が必要です。本書の分析で取り上げる地内送電線の場合、図1-2-2の概念とは異なり、運用容量＝熱容量（設備容量）になっているようです。

　第2章でも紹介しますが、広域機関のウェブサイトで公表されている地内送電線のデータでは、「運用容量」というデータ名がつけられていながら、そのデータの中身は実は「熱容量」のデータが格納されていて、図1-2-3で見るような他の安全上の限度にはなんら言及がありません。これは図1-2-2での上半分の「50%は緊急用に空けておく」という経産省の説明とも矛盾します。なぜ広域機関から公開された「運用容量」が「熱容量」と同じなのかは理由がわからず、経産省・広域機関からの詳細な説明が待たれるところです。

空容量とは？

　上記のように運用容量が決まると、運用容量から実潮流を差し引いた量が「**空容量**」として

求められます。

　図1-2-4に広域機関で議論された空容量の考え方を示します。なお、この図はあくまで**会社間連系線**（電力会社同士を結ぶ送電線）における空容量の考え方であることに留意ください。<u>地内送電線における空容量の考え方は、各電力会社から必ずしも明示的に開示されているわけではなく、このようなわかりやすい図も入手できません</u>。ここでは、説明のために広域機関から公表されている会社間連系線での空容量の考え方を用いて解説することにします。

図1-2-4　空容量の考え方（広域機関の諸資料を基に筆者作成）

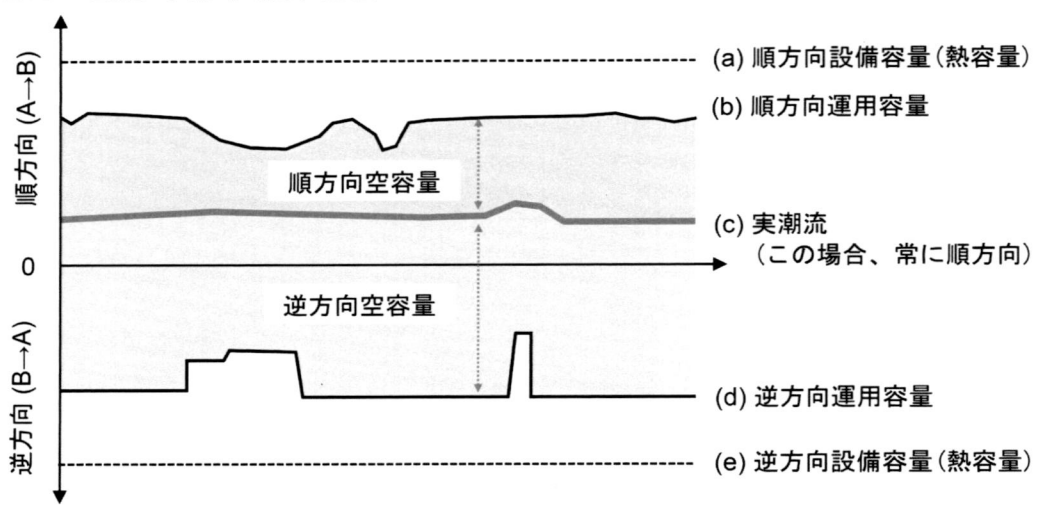

　図1-2-4での説明は、前述の図1-2-2の単純なパイプの中を流れる水の比喩に比べて若干複雑でややこしくなっています。混乱しないように、以下、順を追ってわかりやすく説明します。

　まず、パイプの中を流れる水とは違い、電力は順方向と逆方向と異なる向きにいっぺんに同時に流すことができる、という点が重要です。仮にパイプの中で両方向から無理に同時に水を流そうとすると途中でぶつかってしまいますが、電気の場合は電子の移動なのでお互いが相殺されます。送電線は通常1ルート2回線の場合が多いですが、決して1回線が順方向でもう1回線が逆方向と、向きを分担しているわけではなく、両方の回線共に同時に順逆両方向に流すことが可能です。

　例えば、図1-2-5に示すように、Aエリアの発電所からBエリアの工場に60、Bエリアの発電所からAエリアの一般家庭に20の電力を同時に送った場合、結果的にはそれらは相殺され、AB間の送電線にはA→Bの向きに40（= 60 − 20）の電気が送られたことになります。この場合、A→Bの60やB→Aの20は契約電力量であり、実際に流れた潮流（**実潮流**）はA→B方向を正とすると + 40である、ということができます。

　図1-2-4では中央のゼロ線を中心に上側が順方向（A→B）、下側は逆方向（B→A）を示しています。ここが「パイプの中の水の流れ」とは異なる点で、ちょっと混乱して「電気は難しい！」といわれてしまうところかもしれません。

図1-2-5　電力潮流の順方向と逆方向

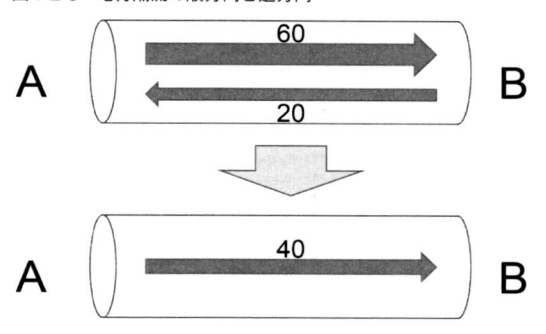

　図1-2-4では横軸は時間を示しています（例えば1年間分の**時系列波形**をイメージ）。一番上の直線(a)が設備容量（熱容量）であり、そこからさまざまな安全上の限度を考慮して運用容量（上から2番目の曲線(b)）が定められています。運用容量は図1-2-3で説明した通り、単純に50%ではなく、時間によって時々刻々と変化します（場合によってはマージンと呼ばれる裕度がさらに設定される場合もあります）。この曲線(b)までがこの送電線の安全上の利用限度となります。この図の例では、A→Bの順方向に常に電力潮流が流れていますが（曲線(c)）、この場合、(b) − (c)が順方向（A→B）の空容量となります。

　一方、逆方向を見ると、図の一番下の直線(e)が逆方向の設備容量（熱容量）であり、そこから安全上の限度を考慮して運用容量（下から2番目の曲線(d)）が定められます。順方向と逆方向の安全上の限度は異なる場合もあるので、曲線(b)と曲線(d)は必ずしも上下対称形になるわけではありません。さらに、この図の場合、潮流は順方向（図の中央のゼロ線よりも上）にあるので、逆方向の空容量は(c) − (d)で計算され、順方向の空容量よりも大きくなります。

　図1-2-5で説明したように、電気は同じ路線に（AB両端の発電所や需要家との取引契約上では）順逆方向同時に流すことができるため、ある方向に潮流がある場合は、逆方向の空容量はむしろ大きくなる、という点がポイントです。このことは、普段需要家がつながっている送電線の「下流側」に再エネなど分散型電源が接続されて、常時の潮流方向と逆方向に発電した電気が送られる場合、少し有利になる可能性があることを示唆しています。

　上記の空容量の算出方法を数式で表すと順方向と逆方向の両方向で算出され、それぞれ図1-2-4に示すように、

$$順方向空容量 ＝ ｜順方向運用容量 − 実潮流｜ \qquad (1\text{-}2\text{-}1)$$

$$逆方向空容量 ＝ ｜逆方向運用容量 ＋ 実潮流｜ \qquad (1\text{-}2\text{-}2)$$

で算出されます。これが広域機関が会社間連系線で定める空容量の定義になります。

　なお前述の通り、これはあくまで電力会社同士を結ぶ特殊な送電線である会社間連系線の場合のルールです。各電力会社管内の地内送電線における空容量の算出ルールはこれとはだいぶ異なるようです。それが本書で問題提起する「空容量ゼロ」問題に関する核心的な根本問題に

直結します。この点は、第2章で詳しく述べることとします。

1.3 実潮流をベースとした空容量・利用率の求め方

　本節では、送電線の空容量や利用率を実際に計算するためのデータやエビデンス、理論や計算式について述べることとします。ここでは第三者が追試験（再分析）できるように、分析方法を詳細に記述しています。したがって、途中専門用語や数式も登場しますが、細かいことにあまり興味のない場合は、ここはポイントだけ押さえて読み飛ばしても構いません。

分析対象データ

　今回用いたデータは、電力広域的運営推進機関（広域機関）のウェブサイトの「系統情報サービス」の「ダウンロード情報」から入手可能なものを用いています[9]。広域機関は、電気事業法に基づき日本の電気事業の広域的運営を推進することを目的として設立された団体です。

　今回の分析では、**実潮流**（実際に送電線に流れた電力）に基づく分析を行うため、上記の「系統情報サービス」から以下の2つのデータセットをダウンロードしました。

- **地内基幹潮流実績**
- **地内基幹送電線運用容量・予想潮流（実績）**

　地内基幹送電線とは、各電力会社の管内の基幹となる送電線のことで、広域機関のウェブサイトでは、電圧が最も高いものから上位2つの階級（多くの電力会社では、500kVおよび275kV。詳細は表2-1-1を参照）の送電線のデータが全て揃っています。潮流実績は、実潮流と同義です。

　ただし、一般に太陽光や風力発電が接続することが多い上位2つの階級より低い電圧の送電線（154kV、66kVなど）は、広域機関からも各電力会社からもデータは開示されていません。筆者としては、このような比較的低い電圧階級の送電線の分析も行いたいところですし、多くの再エネ事業者からもそのような声が上がっています。このあたりのデータについては今後、電力会社や広域機関からの開示が望まれます。

潮流実績と運用容量の時系列グラフ

　図1-3-1に1年間の潮流データの時系列波形の例を示します。図の横軸の単位は時間で示してあり、24時間×365日＝8,760時間が1年間に相当します。広域機関から得られる実潮流データは30分値で開示されているため、実際のデータ数は1セットあたり2点×24時間×365日＝17,520点となります。ここでデータの単位はMWh/hで、次元（ディメンション）は電力（パワー）と

同じMWです。これはあまり一般にはなじみのない単位ですが、系統運用や電力市場の分野ではしばしば登場する単位で、単位時間あたりの電力量（エネルギー）です。

図1-3-1　送電線潮流実績および運用容量の時系列グラフ例（図1-1-2の再掲）

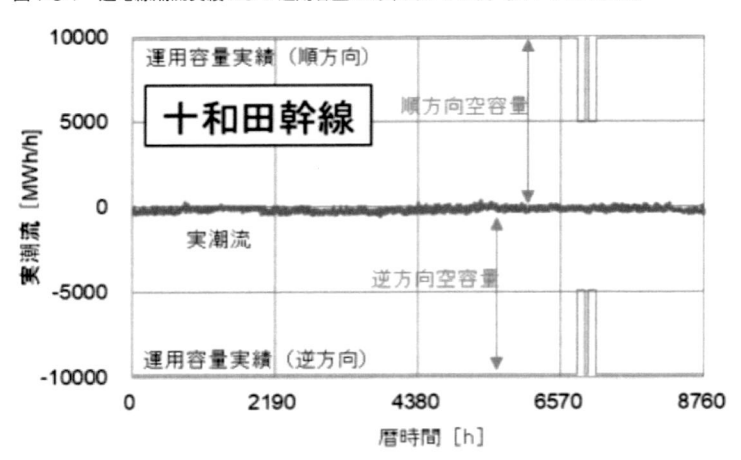

広域機関のウェブサイトで公開されている地内送電線の運用容量データには決定要因の項目がありますが、いずれの路線も「熱容量」及び「熱容量(作業)」としたものばかりで、図1-2-3にあるような他の安全上の限度は含まれていません。本来、運用容量は、送電線に流すことのできる電力の安全上・運用上の限界値を意味しますが、広域機関の開示データを信用するならば、すべての電力会社の地内送電線は、「運用容量＝熱容量」ということになり、このような運用方法で本当に安全が担保できるかどうかは不明です。しかしながら、現時点では広域機関が公表するデータを信用するより他はなく、本分析では公開データを「運用容量」として取り扱っています。

広域機関のウェブサイトでは、この運用容量の実績値が、各送電線につき1日に1回与えられています（欧州などでは1時間に1回のデータが開示されています）。運用容量は、前節で説明した通り、常に一定ではなく時間とともに変化する場合があります。この図の例では、この送電線が工事や点検のため普段の半分しか使えなかった時間帯があることを示しています（図1-3-1の6,570時間の右にある上下対称の2つのピーク）。

なお、一般に送電線の両端のエリアの系統容量（発電機や需要の規模）の問題などから、同一送電線の順逆方向で運用容量が異なる場合もあります。地内基幹送電線に関しては、広域機関からダウンロードできるデータには明示的な情報がないことから、本書の分析では、いずれの送電線も順逆方向で同一の絶対値の運用容量を持つものと仮定しています。

欠損データの補填方法

広域機関の系統情報サービスからダウンロードしたデータにはデータ欠損があったため、客観的な統一ルールを作り、以下の方法でデータ欠損を補っています。

・運用容量データに欠損（空欄）がある場合、当該路線の直前（前日）と同じデータを補填。
・運用容量データが「0」であり、かつ実潮流データが存在する場合、データ欠損とみなし、当該路線の直前（前日）のデータを補填。
・実潮流データに欠損（空欄）がある場合、0値を補填。

年間利用率の定義

一般に電気機器（発電機・モータなど）は設備容量（定格容量）が一意的に定められ、それを基準とした**設備利用率**を比較的簡単に求めることが可能です。送電線の場合は前節で説明した通り、熱容量だけでなく系統運用の観点からさまざまな制約があり、「運用容量」が時々刻々と変化します。そのため、基準となる一定の値がなく、他の電気機器と同じように利用率を単純に求めることは簡単ではありません。

そこで、本分析では、文献[10],[11]に従って、運用容量実績の年間最大値を基準に定義する利用率を採用することとしました。本書ではこれを**年間最大運用容量基準の利用率**と呼ぶこととします。本書で単に「年間利用率」という場合、この利用率を指すことにします。

ちなみに文献[10]は筆者が中心となって各国の研究者や送電会社の実務者と共同で調査・執筆した国際会議の論文で、元もとはヨーロッパの送電線の年間利用率を調査するために提案された定義式です。この定義式により、公開された統計データがあれば、世界各国の送電線の年間利用率を計算して比較することが可能となります。

この方法では、広域機関のウェブサイトからダウンロードした各日の運用容量（正方向および逆方向）を $C^+_{NTC}(i)$ および $C^-_{NTC}(i)$ として、この年間データ $(N= 365)$ から、次式のように年間最大運用容量を算出することが可能です。ここでは単純に最大値および最小値を取っています。

$$C^+_{AMTC} = \mathrm{Max}\left(C^+_{NTC}(1), C^+_{NTC}(2), \cdots, C^+_{NTC}(N)\right) \qquad (1\text{-}3\text{-}1)$$

$$C^-_{AMTC} = \mathrm{Min}\left(C^-_{NTC}(1), C^-_{NTC}(2), \cdots, C^-_{NTC}(N)\right) \qquad (1\text{-}3\text{-}2)$$

さらに、同じく広域機関のウェブサイトから入手可能な30分ごとの実潮流データ $P^+(i)$ および $P^-(i)$ を用いて、次式のように年間利用率を定義することができます。数式が苦手な人にとっては Σ 記号が出てくるとびっくりするかもしれませんが、それほど難解な式ではなく、実潮流データの1年間の総和を取り、年間最大運用容量にデータ数（ここでは N=24 × 365 × 2=17,520）をかけたもので割っているだけです。

$$CF^+[\%] = \frac{\displaystyle\sum_i^N P^+(i)}{C_{AMTC}^+ \times N} \times 100 \qquad\qquad (1\text{-}3\text{-}3)$$

$$CF^-[\%] = \frac{\displaystyle\sum_i^N P^-(i)}{C_{AMTC}^- \times N} \times 100 \qquad\qquad (1\text{-}3\text{-}4)$$

　上記のCF^+およびCF^-は、それぞれ順方向および逆方向のみの利用率で、統計データ上は$P^+(i)$と$P^-(i)$は同時刻に同時に値を持つことはないため、次式のようにその単純和を取って「双方向利用率」と定義できます。

$$CF_{BL}[\%] = CF^+ + CF^- \qquad\qquad (1\text{-}3\text{-}5)$$

　このように、入手可能な公開データから年間を通して単一の基準を作ることにより、客観的な送電線利用率の定義を行うことができ、公平で透明性の高い分析が可能となります。この利用率の算出方法は、欧州の送電会社が公開している送電線データにも適用可能です。

　参考のため、図1-3-2にこの手法で算出した欧州主要国間および日本の会社間連系線の利用率の比較結果を示します。図から明らかなように、欧州の国際連系線では、高いところでは70%前後、低いところでも40%前後の利用率があることがわかります。これは、欧州では電力市場での取引が活性化しており、「空いていたら使う」ということが比較的当たり前になっているからだと推測できます。

図1-3-2　欧州主要国間および日本の会社間連系線の利用率 (2014年)（文献 [11] のグラフを筆者翻訳）

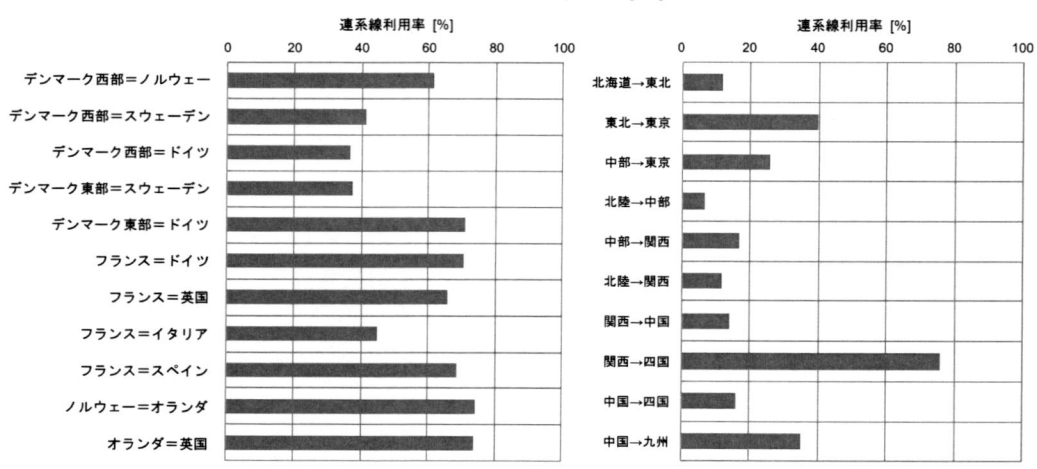

一方、右図の日本の会社間連系線では、一部例外はあるものの、その多くが20%未満の利用率に留まり、中には10%未満のものも見られます。日本の連系線は欧州に比べ相対的に「十分活用されていない」ということがわかります。

運用容量実績基準の利用率

　広域機関の系統情報サービスでは1日ごとの運用実績データが提供されています。それを基に、各日の運用容量実績に対する利用率を求め、年間で平均する方法での計算も行っています。これを**運用容量実績基準の利用率**と呼ぶことにします。一般に、運用容量実績基準の利用率は、分母が若干小さくなるため前述の年間最大運用容量基準の利用率よりも高くなる傾向にあります。

　このように、利用率は何を基準とするかによって若干定義が異なる複数の「利用率」があることに注意が必要です。この計算は、異なる基準によって算出した利用率でも結局のところ値はそう大きくは変わらないことを確認するために行っています。

空容量の定義

　前節の広域機関による会社間連系線の空容量の計算式に基づき、順方向と逆方向の空容量は、

$$順方向空容量　＝　|\ 順方向運用容量　－　実潮流\ | \qquad (1\text{-}2\text{-}1)$$
$$逆方向空容量　＝　|\ 逆方向運用容量　＋　実潮流\ | \qquad (1\text{-}2\text{-}2)$$

で算出されます。なお、会社間連系線では、運用容量の他にマージンと呼ばれる裕度がさらに設定される場合がありますが、本書の分析対象である地内送電線の場合は、各電力会社からマージンについて明示的な公表がないため、本書ではマージンに関しては考慮せず、マージンはゼロと仮定しています。

最大利用率（ピーク）と混雑率の定義

　先に定義した利用率は年間の平均値であるため、瞬間的なピークがどうなっているかを調べる指標にはなりません。一般に停電が起こるか起こらないかは、ピーク時（最過酷時）が問題になるため、ピークについても調べる必要があります。

　実潮流データは30分値であるため、各日の運用容量実績に対する利用率も30分ごとに得られます。この30分ごとの利用率の中で年間で最も大きいものを**最大利用率**と呼ぶことにします。第2章でも登場しますが、実潮流が瞬間的に（実際は30分ごとの値が）運用容量を超えた場合、すなわち30分ごとの利用率が100%を超えたその瞬間に何らかの送電線事故が発生すると、電力の安定供給に支障を来すため、この最大利用率も重要な指標となります。

一般に、実潮流が運用容量を上回っている状態は**送電混雑**と呼ばれます。高速道路の混雑と似たようなものだと考えてください。現在、電力会社の運用ルールでは、送電混雑が発生しないように運用することになっていますが、実際にはいくつかの送電線では、年間わずかな時間ですが、送電混雑が発生しています。本書では、年間で送電混雑が発生する時間の総和を「混雑時間」、また年間8,760時間に対する混雑時間の比率を「混雑率」と定義しています。

2

第2章　データを見よう！ 何が問題か深く考えよう！

◉

2.1 データ分析と考察

　本節では、全国電力会社10社399路線の基幹送電線（上位2系統、広域機関でデータがダウンロードできる路線のみ）の分析結果を示し、そこから何が読み取れるかを考察していきます。

分析対象

　今回の分析では、表2-1-1に示すような各電力会社の基幹送電線の路線を対象にしました。

表2-1-1　分析対象路線

エリア	路線数	詳細
北海道	38	275kV: 6路線, 187kV: 32路線
東北	34	500kV: 4路線, 275kV: 30路線
東京	77	500kV: 26路線, 275kV: 51路線
中部	77	500kV: 16路線, 275kV: 61路線
北陸	10	500kV: 4路線, 275kV: 6路線
関西	50	500kV: 23路線, 275kV: 27路線
中国	20	500kV: 3路線, 220kV: 17路線
四国	25	275kV: 4路線, 187kV: 21路線
九州	53	500kV: 11路線, 220kV: 42路線
沖縄	15	132kV: 15路線
全国計	399	

　なお、本書で**基幹送電線**という場合、広域機関から実潮流および運用容量データがダウンロード可能な上位2系統（沖縄電力のみ上位1系統）の路線のみを指すこととします。また、上位2系統の路線でも、特定の発電所からの電源線など、広域機関からデータが公表されていない路線は除いてあります。

　本来、風力や太陽光、小水力、バイオマスなどの再生可能エネルギー電源が実際に電力系統に接続するのは66 kVや175 kVなどの下位系統が多いのですが、それらは現在、広域機関や各電力会社からデータが入手できないため、比較分析することはできません。そこで、広域機関からデータ入手が可能な基幹送電線のみに対象を絞って分析しています。

　ダウンロードしたデータの分析期間は、本稿執筆時点でダウンロード可能な中から、2016年9月1日～2017年8月31日の1年間、365日のデータを全路線統一で用いています。本来であれば、2016年1月1日～12月31日（2016年の1年間）あるいは2016年4月1日～2017年3月31日（2016年度の1年間）としたかったところですが、同サイトでは十分過去に遡ってデータが開示されているわけではないためのやむを得ない措置です。

送電線空容量の実態調査

　利用率の分析に先立ち、各電力会社のウェブサイト（[12]-[21]）で公表されている送電線の「空容量状況」を分析しました。各電力会社のウェブサイトでは、各路線に対して空容量が数値で示されており、そのうち「0」の数値が示されているものがいわゆる「空容量ゼロ」路線です。

　図2-1-1は、各電力会社の**空容量ゼロ率**です。ここで空容量ゼロ率とは、各電力会社の基幹送電線の中から、2018年1月25日の段階で「空容量ゼロ」と公表された路線の割合と定義しています。

　またその際、広域機関から得られるデータから、「空容量ゼロ」路線の中で実際に**送電混雑**が1年に1回でも発生している路線についても同時に分析しました。送電混雑とは、1.3節で述べた通り、実潮流が運用容量を一時的に上回り、瞬間的な（実際には30分値の）利用率が100％を超えることを指します。

図2-1-1　各電力会社の空容量ゼロ率（基幹送電線上位2系統）

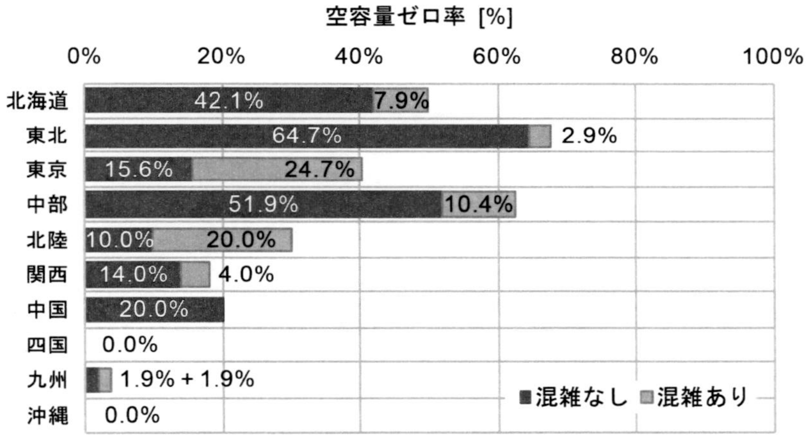

空容量ゼロ率 [%]

北海道	42.1%	7.9%
東北	64.7%	2.9%
東京	15.6%	24.7%
中部	51.9%	10.4%
北陸	10.0%	20.0%
関西	14.0%	4.0%
中国	20.0%	
四国	0.0%	
九州	1.9% + 1.9%	
沖縄	0.0%	

■混雑なし　■混雑あり

　このグラフから、以下の情報を読み取ることができます。

・空容量率ゼロが最も高いのは東北電力で、基幹送電線の67.6%で「空容量ゼロ」が発生している（管内の3分の2のエリアで再エネが接続できない状態）。
・東北では、「空容量ゼロ」なのに実際に送電混雑が発生している路線の割合は全体の2.9%しかなく、残りの64.7%は送電混雑が発生していない。
・東日本は概して空容量ゼロ率が高く、西日本は概して空容量ゼロ率が低い。

　なお、原発が再稼働し、太陽光が比較的多く導入されている九州電力で、基幹送電線の空容量ゼロが少ないというのは注目に値します。このことから、再エネの大量導入に対する取り組みや系統運用方法に関して、電力会社間でも差異が生じていることが示唆されます。

送電線利用率の全国分析

次に図2-1-2に示すように、基幹送電線上位2系統の各路線の利用率の電力会社ごとの平均値を比較してみます。上側の濃い棒グラフは各電力会社の基幹送電線上位2系統の年間利用率の平均値を示し、下の薄い棒グラフは、その中でも「空容量ゼロ」と公表された路線のみの平均を示しています。

図2-1-2　各電力会社基幹送電線上位2系統の年間利用率の平均値（図1-1-3の再掲）

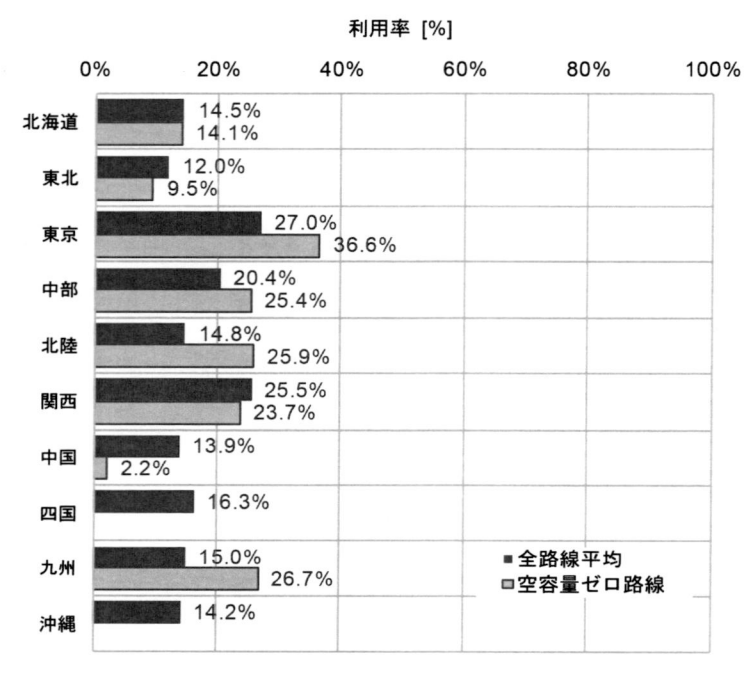

このグラフから得られる情報は以下のとおりです。

・全路線平均の棒グラフを比較すると、中三社（東京・中部・関西）がいずれも20％を超えており、残りはいずれも10%台である。
・東北、関西、中国は全路線の平均よりも空容量ゼロ路線の平均の方が明らかに低い結果となっている。

中三社が相対的に高い利用率となっている理由としては、これらのエリアが大きな需要地を持ち、需要地ではそもそも電力潮流が大きくなる傾向にあること、また需要地では系統構成がメッシュ状になっているため、万一の送電線事故などの際にも迂回路を多数持つことができ、安全のために開けておく容量を相対的に少なく見積もれること、などが推測できます。逆に、それ以外のエリアでは、相対的に送電線に空きがあり、むしろ再エネの導入に向いている可能性があることが示唆されます。

また、「空容量ゼロ」の路線は、まだ空容量がある路線に比べ利用率が高くなっていて余裕がないため空容量がゼロになるのだと考えるのが自然です。ところが、全体平均よりも空容量ゼロ路線の平均の方が、かえって低くなるのは不可解です。1.1節でも指摘したとおり、「なぜ空容量がゼロなのか？」そして「なぜそれが理由に再エネの接続が制限されたり、系統増強費が請求されるのか？」について、合理的で透明性の高い説明が望まれます。

混雑発生路線割合

　次に、単なる年間利用率だけはなく、最大利用率（ピーク）や送電混雑の観点から分析しています。

　ここでは、各電力会社のエリアにどれだけ送電混雑が発生しているかということを調べるために、「**混雑発生路線割合**」という指標を定義してみます。これは、各エリアの基幹送電線（広域機関から実潮流および運用容量データがダウンロード可能な路線）の数に対して、1年間で1回でも送電混雑が発生した路線数の割合です。送電混雑とは、実潮流が運用容量を一時的に上回り、瞬間的な（実際には30分値の）利用率が100％を超えることを指します。

　なお、電力工学上では、**混雑率**という指標もありますが、これは特定の送電線で所定の期間（多くの場合、1年間）で混雑が発生した時間の比率のことを指します。混雑発生路線割合と混雑率は違うものですので、ご注意ください。

　図2-1-3は各電力会社ごとの混雑発生路線割合を示したグラフです。各棒グラフは、混雑が発生した路線のうち、電力会社から空容量の数値が公表された（すなわち空容量がまだある）路線と「空容量ゼロ」であると公表された路線を色分けして示しています。

図2-1-3　各電力会社の混雑発生路線割合（基幹送電線上位2系統）

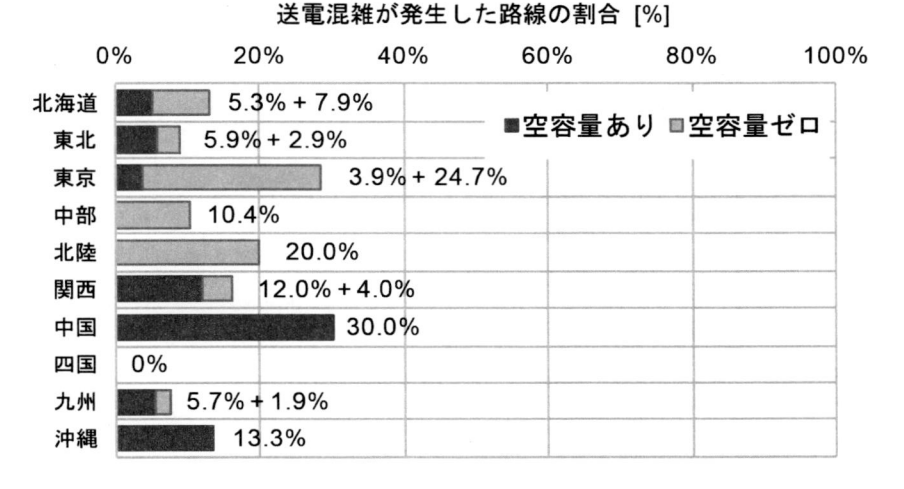

送電混雑が発生した路線の割合 [%]

北海道	5.3% + 7.9%
東北	5.9% + 2.9%
東京	3.9% + 24.7%
中部	10.4%
北陸	20.0%
関西	12.0% + 4.0%
中国	30.0%
四国	0%
九州	5.7% + 1.9%
沖縄	13.3%

■空容量あり　■空容量ゼロ

　この図から客観的に言えることは、

・混雑が発生した路線の割合は0〜30%とバラツキがある。

（グラフからはすぐには読み取れないが、全国平均は15.0%）

・混雑発生路線割合が最も大きいのは中国で、ついで東京。
・東京・中部・北陸で混雑が発生した路線のほとんどあるいは全てで空容量ゼロとされる。
・東北・関西・九州は混雑が発生した路線でも空容量がある路線が多い。
・中国・沖縄では混雑が発生した路線のほとんどあるいは全てで空容量があるとされる。

というところでしょうか。

　また、グラフからは直接読み取れませんが、分析から、混雑が発生した各路線の混雑率のほとんどが1%未満で、年間数時間程度わずかに混雑が発生してしまった、という状況だったということがわかりました。

　現在、広域機関では、「原則的に混雑が発生しない」ことを前提として運用されています[22]。そして、それを理由に新規電源の接続が待たされたり、巨額の増強費用の負担を求められたりしている状況です。しかし、全国平均で15%、混雑路線割合が多いエリアだと30%近くの路線で実際に混雑が発生していることになります。では「原則的に混雑が発生しない」という前提は何だったの？　という疑問の声が起こっても不思議ではありません。電力会社ないし広域機関の説明責任が求められます。

　一方で、図2-1-1で見た通り、東北や中部では、混雑がない（すなわち1年間で1回も実潮流が運用容量を超えなかった）にもかかわらず、「空容量ゼロ」であると公表された路線がそれぞれ64.7%、51.9%もある点も注目すべきです。

　また、図2-1-3の下半分（西日本）では、混雑していても空容量があるとしている電力会社もあります。上述の通り、再エネの大量導入に対する取り組みや系統運用方法に関して、電力会社間でも差異が生じていることがやはり示唆されます。

空容量ゼロ率と利用率・混雑割合との相関

　このことをもう少し詳しく分析するために、図2-1-4に示すように、空容量ゼロ率と、電力会社ごとの平均利用率や混雑発生路線割合との相関をそれぞれ取ってみました。図から客観的に読み取れる情報は以下のとおりです。

・平均利用率と空容量ゼロ率、混雑発生路線割合と空容量ゼロ率の相関とも、相関性はほとんどない（無相関に近い）。
・東北・中部・北海道は、いずれの図でも45度線より上方に大きく外れている。このことは、平均利用率や混雑発生路線割合が低い割に空容量ゼロ率が高いことを示している。
・四国・九州・沖縄は、いずれの図でも45度線の下方に分布している。このことは、平均利用率や混雑発生路線割合の割に空容量ゼロ率が低いことを示している（さらに、平均利用率および混雑発生路線割合ともに比較的低い）。

図2-1-4　空容量ゼロ率と利用率・混雑割合との相関

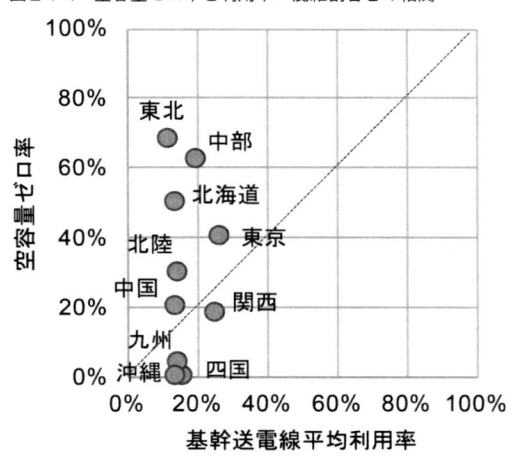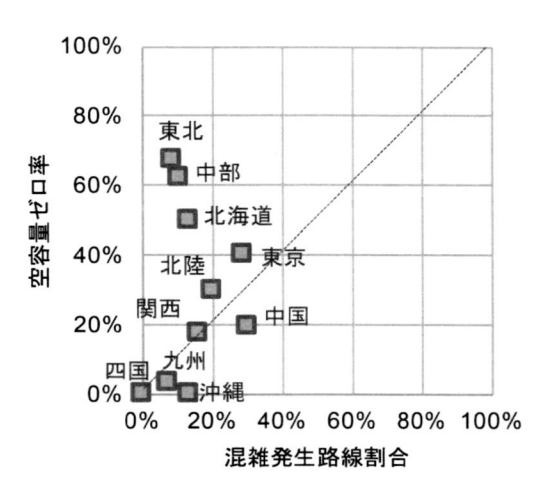

やはりここでも、再エネの大量導入に対する取り組みや系統運用方法に関して、電力会社間で差異が生じている、という推測の蓋然性がますます高まります。

利用率ヒストグラム

ここまでの分析で明らかになったこととして、各電力会社の平均利用率は10%〜20%台に固まっているものの、送電混雑の発生状況や空容量ゼロと判断された路線の比率には大きなバラツキがあることがわかりました。

そこで、なぜそのように電力会社間で傾向がバラつくのかを調べるために、電力会社ごとの各路線のヒストグラムを作成して分析することにします。

図2-1-5は空容量ゼロ率が最も高かった東北電力と、空容量ゼロ率が比較的低く、かつ太陽光が比較的多く導入されている九州電力を並べて比較したものです（他のエリアのヒストグラムは、3.2節参照）。

左側のグラフはそれぞれのエリア内の基幹送電線の年間利用率の分布状況を示したもので、横軸は利用率が0%以上20%未満の路線数、20%以上40%未満の路線数・・・という形で棒グラフが並んでいます。また右側のグラフは、最大利用率の分布状況です。

両エリアとも棒グラフの高さ自体は同じ傾向を示しています。すなわち、年間利用率で見ると、20%未満の路線がほとんどで、年間利用率が40%を超える路線は東北ではゼロ、九州でもわずかであることがわかります。また最大利用率（ピーク）は、20%以上40%未満の範囲が最も多く、100%を超える（すなわち送電混雑を発生させている）路線もわずかに見られるものの、最大利用率が60%を超えるものは相対的に少ないことがわかります。

興味深いのは、両エリアで「空容量ゼロ」と公表された路線の状況が全く異なることです。九州では、すでに図2-1-1で空容量ゼロ路線が少ないことが示されましたが、ヒストグラムの分布状況を見ると、年間利用率および最大利用率のどちらの観点からもやはり「実際に空いているから空容量はある」という傾向がはっきりと現れています。

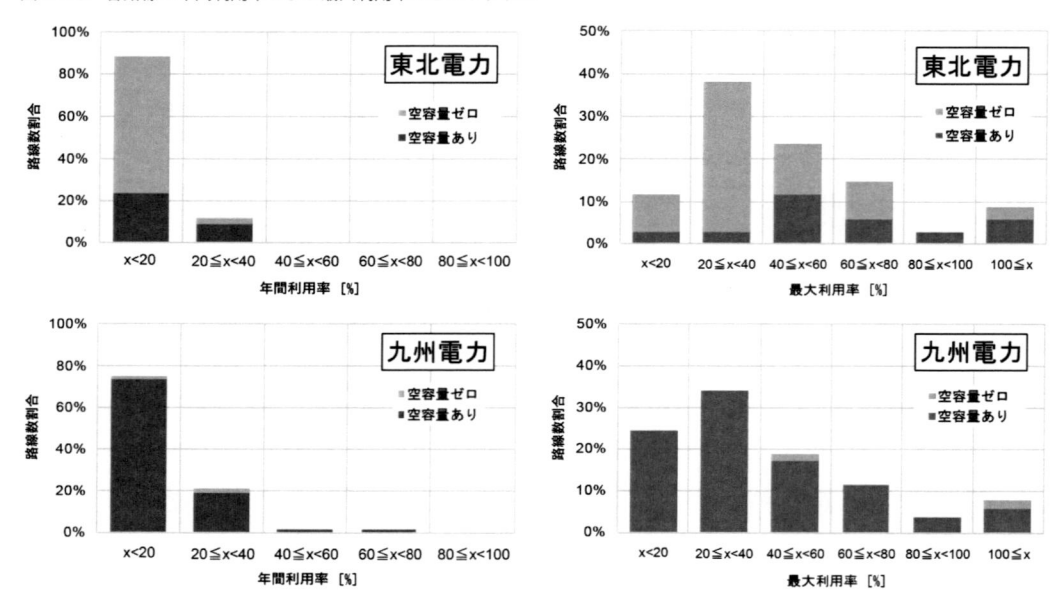

図2-1-5　各路線の年間利用率および最大利用率のヒストグラム

　一方、東北ではその逆で、年間利用率および最大利用率のどちらの観点からも「実際に空いているが空容量はゼロ」という路線が多い傾向となります。

年間利用率と最大利用率の相関

　東北と九州の2つのエリアの比較分析を続けます。図2-1-6は2つのエリアの今回分析対象となったすべての路線の年間利用率と最大利用率（ピーク）の相関をプロットしたものです（他のエリアの相関図は、3.2節参照）。

　両図を一瞥してわかる通り、年間利用率と最大利用率は弱いながらも有意な相関を持ち、プロットが一定の範囲に固まっている傾向を示します。両エリアともその傾向は似たような形となります。

　ここでも興味深いことに、プロットの分布自体は似ているものの、空容量ゼロ路線の取り扱いが全く異なります。東北では、年間利用率も最大利用率もそれほど高くないところに多くの空容量ゼロ路線が集中しています。実際に混雑が発生しているので空容量がゼロになっているという路線はわずか1路線しかありません。

　一方、九州は年間利用率および最大利用率ともに低い領域ではほとんど空容量があるという結果となっており、年間利用率が比較的高い領域でもまだ空容量はあるという路線もあります。

　もちろん、各電力会社の電力系統の構成は全く同一ではないので、系統構成などさまざまな条件も加味しなければなりません。しかし、「この傾向の大きな違いはなぜ発生するのか？」ということについては、高い説明責任を持って公表されるべきでしょう。

　一連の分析結果から透けて見える傾向は、<u>再エネの大量導入に対する取り組みや系統運用方</u>

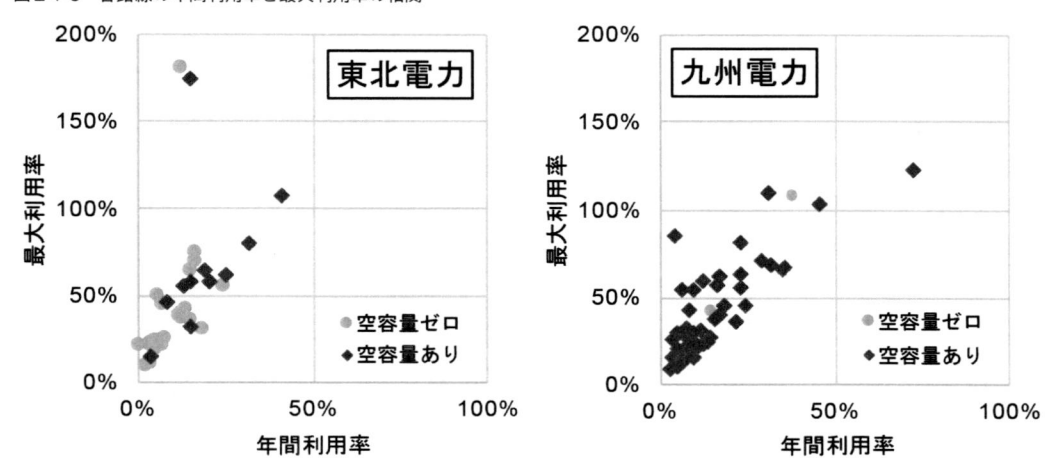

図2-1-6　各路線の年間利用率と最大利用率の相関

法に関して、電力会社間でも差異が生じている可能性がある、ということです。また筆者は、これまでも一貫して、「送電線空容量問題は単純に利用率の高い低いの数値の問題ではない」ということを述べてきました。問題は、「再生可能エネルギー電源の接続の可否や送電線増強費用の負担額がどのような根拠で決定されたのか？」という透明性の問題の方がむしろ重要です。透明性の問題に関しては、次節で詳しく掘り下げていきます。

2.2 送電線空容量問題の根本原因は何か？-その1：技術編-

　さて、1.1節の図1-1-3で示した通り、日本の基幹送電線の利用率は、どの電力会社もほとんど20%台あるいはそれを下回る水準であることが明らかになりました。

　しかし、問題はこの数値の多寡ではありません。1.2節で紹介した通り、安全面の点から送電線は容量が空いているからといって目一杯使えるわけではありません。また、送電線はそれ単体だけでなく、電力の安定供給の観点からは電力システム全体の電気的構成のバランスを考えなければなりません。そのため、全国一律の推奨値や基準値があるわけではなく、それを基に利用率の多い少ないや良し悪しの評価が決まるものではありません。では、いったい何が問題なのでしょうか？

透明性の問題

　例えば、1.2節の図1-2-4に関連して言及した通り、電力会社同士をつなぐ会社間連系線の利用に関しては、広域機関が安定供給の裕度を見込んだ運用容量やマージンを公表しています。広域機関ではこのような運用容量やマージンを「運用容量検討会」や「マージン検討会」という検討会（委員会）で議論しています。会社間連系線の運用容量やマージンについては、どのように検討するか広域機関で資料や議事録が公開され、ある程度透明性高く決められています。

　これに対して、電力会社管内の送電線（地内送電線）では、運用容量などがそもそもどのように算出されたのか、その根拠や意思決定の過程はこれまで十分公開されてはいませんでした。

　また、今回の分析の結果明らかになりましたが、広域機関からダウンロードできる地内基幹送電線の運用容量のデータでは、運用容量の決定要因の欄には「熱容量」と「熱容量（作業）」の2つの要因しか見当たりませんでした。1.2節の図1-2-3で見た通り、運用容量の決定には本来「周波数維持」や「電圧安定度」も重要な要素になるのが一般的ですが、少なくとも公開されたデータにはそれが含まれていませんでした。

　つまりこのことは、「なぜ普段から80%以上も空けておかなければならないのか？」ということが、何を根拠にして、どのような議論を経て、どのように決定されたかが十分公開されず、ブラックボックスになっている状況と言えます。ここで問題なのは、「利用率の数値が大きいか小さいか？」という数値の大小の問題ではなく、「それがどのように決定されたか？」という**透明性**や**公平性**の問題だということがわかります。

空容量の計算は定格出力の積み上げ？

　今回の一連の空容量問題が議論されるようになって初めて、地内送電線の空容量の決定方法について公式の回答が公開されました。

　山形県に設置されたエネルギー政策推進プログラム見直し検討会では、県内の再エネ推進政策を提言しており、その中で系統接続問題を取り上げています。再エネの系統接続について、検討会から地元の東北電力に質問状が送付され、それに回答する形で資料[23]が公開されました。それによると、ローカル系統の空容量の評価は「全ての電源を定格出力にて算出」と明記されています。

　また、1.3節で紹介した経済産業省のスペシャルコンテンツ[7]では、図2-2-1のような図も見られます。このような図はしばしば**最過酷断面**を想定している場合に用いられます。太陽光・風力・火力・原子力などの全ての電源のピークが1点で揃えられており、「全ての電源を定格出力にて算出」の発想が色濃く出ている図となります。

図2-2-1　経済産業省による送電線のイメージの説明 [7]

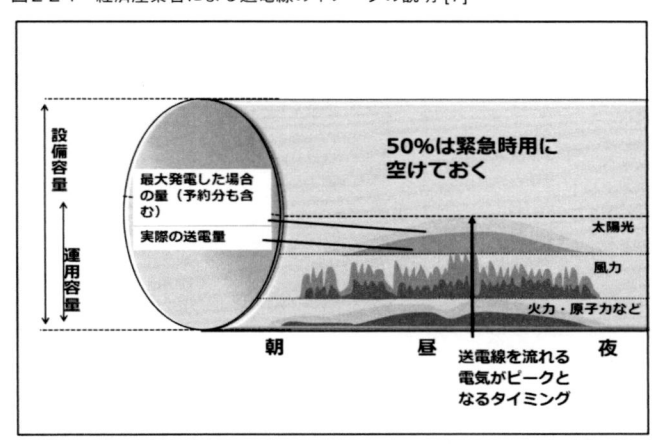

　そこで、この算出方法が本当に科学的に妥当であるかどうかが問われることになります。特に、図中の太陽光の部分の「予約分も含む」は、FIT（固定価格買取制度）認定を受けたものの未稼働の発電所の予約分を指しているものと推測され、この取り扱いの合理性も問われるところです。

　この全ての電源を定格出力にて算出することが、空容量の確保のために本当に妥当なのでしょうか？　ある送電線に接続された電源が全て一つ残らず定格出力で運転する可能性は本当にあるのでしょうか？

　例えば、日本風力発電協会が公表した論文[24]によると（図2-2-2）、ある年に東北地方で計測可能なすべての太陽光発電所が出力した最大値は、定格の総和の70%（図の縦軸では0.7）程度でした。風力発電所も同様で85%（図の横軸では0.85）程度です。

　さらに太陽光と風力の出力は相関がないので、両者が同時に出力する最大値は両者の定格の

図2-2-2　東北電力管内における風力および太陽光の出力実測データ [24]

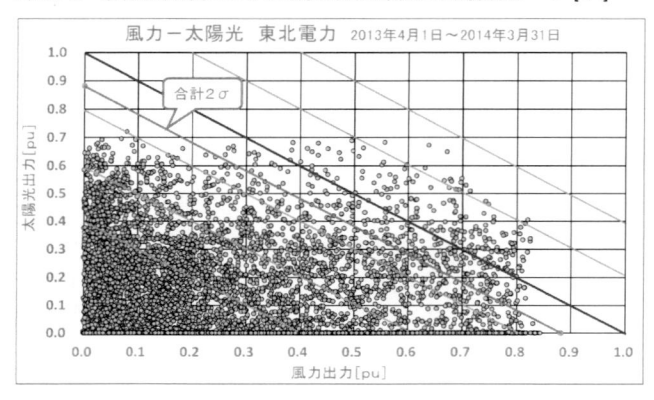

総和の50%程度（図の縦軸0.7×横軸0.7=0.49）です。南北500 km以上ある東北地方の全域で雲一つなく快晴で風速12 m/s以上の強風が吹き続ける瞬間は、気象学的にはほとんど考えられません。

　また、電力需要も常に変動し、最大値（ピーク）を取る期間は1年間のうちわずかです。電力需要がピークを迎えるのは、北海道や東北を除いた日本の電力会社のほとんどが8月の最も気温が上昇した日となります。その時は太陽光発電もフルに稼働しているので、その分火力発電所もフル稼働することなく余裕が出てきます。図2-2-3は2016年8月15日の九州電力管内の実際の発電状況を示したグラフですが、これを見てもわかる通り、現実に太陽光のピークとなる時間帯と火力のピークとなる時間帯は確実にずれています。

図2-2-3　九州電力管内における電力需給実績 [25]

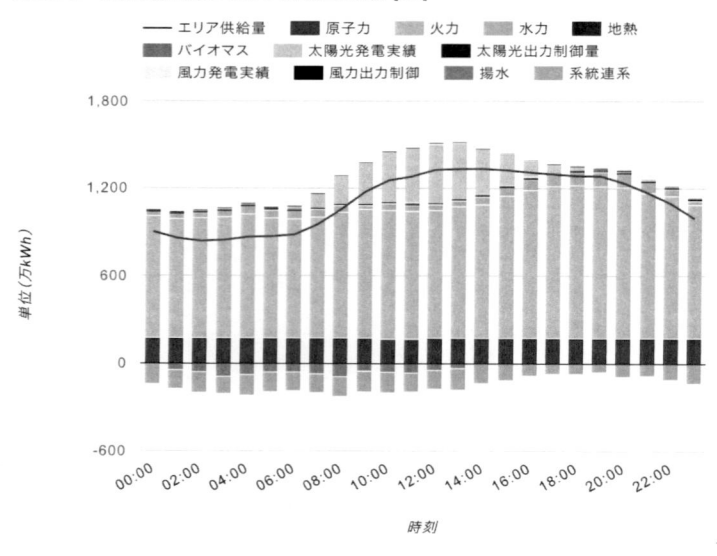

　図2-2-1のような空容量の議論は、ある送電線に接続された全ての電源（発電所）が一斉に100%定格出力をしているという最過酷断面を想定していますが、それは図2-2-2や図2-2-3を見

れば明らかなように、実際の電力システムの運用からはほとんど想定できない非現実的な仮定であることがわかります。

停電対策のために日本では「最過酷断面」という言葉がしばしば使われますが、この言葉は、コンピュータによる気象予測や電力システムのリアルタイムシミュレーションができなかった時代に、「よくわからないが故に、安全のためうんと余裕を見ておこう」という古い考えにすぎません。

21世紀に入りそろそろ20年が過ぎようとしている現代では、電力系統の予測を24時間365日、時々刻々とコンピュータ上でシミュレーションすることができます。シミュレーションに誤差は当然つきものですが、需給予測や再エネ出力予測は、「当たるか外れるか」の占いではありません。気象予測や再エネの出力予測も現在はかなりの精度で予測が可能となっており、その予測誤差を考慮して調整力の準備や運用をする時代です。予測精度が向上すればその分、余分にもつ調整力を少なくすることができ、火力発電所の燃料なども削減できてコスト削減につながります。精緻なシミュレーションをせず「最過酷断面」で粗い想定しかしないと、本来削減できるコストを余分に見積もらなければならないことになります。

稀頻度事象に対するリスクマネジメントの問題

さらに、上記の空容量の議論は全ての電源が100%定格出力をしている「最過酷断面」の瞬間に、さらにその送電線に事故があることを想定しています。したがって、このような事故が発生するためには、二つの出来事の発生確率を互いに掛け合わせる（乗算する）必要があります。

送電線に雷や台風などで事故が発生する確率は、過去の統計データからある程度類推することができます。文献[26]によると、例えば、東北電力管内に4路線ある500kV送電線の事故は10年間で58件と記録されています。したがって、この事故により1時間1回線で送電がストップすると仮定すると、その発生確率は、

58件/4路線/10年 ＝ 1.45件/年 ＝ 1.45件/8,760時間 ＝ 0.016%

となります。

ここで全ての電源が最大出力になるという「最過酷断面」確率は、（ほとんど起こりえない現象ですが）仮に10年に1度発生すると仮定すると、

1件/10年 ＝ 0.1件/年 ＝ 0.1件/8,760時間 ＝ 0.0011%

となります。上記の2つの出来事が同時に発生する（すなわち全ての電源が最大出力になった瞬間に500kV送電線で事故が起こる）確率は、上記2つの確率を乗算した値なので、

$$0.016\% \times 0.0011\% = 0.00016 \times 0.000011$$
$$= 0.0000000018$$
$$= 0.00000018\%$$

と算出することができます。これは、約6万年に1回の発生頻度ということになります。

　こう考えると、最過酷断面かつ事故発生の出現確率は天文学的な稀頻度であることがわかります。定格出力ベースで議論すること自体、技術的・経済的合理性はほとんど見出せず、再考する必要があると言えるでしょう。

　このように空容量問題は、「再エネが入ったら停電になるかもしれない。大変だ！」という感覚的などんぶり勘定の世界ではなく、上記のような「天文学的数値の稀頻度事象に対して巨額のコストをかけて対策すべきかどうか？」、「他により低いコストで同等の効果を持つ手段はないのか？」という**リスクマネジメント**の問題になってくることがわかります。

　なおここで、原発における津波や火山対策と同様に、送電線の事故に対しても稀頻度でもきちんとしっかり対策は行わなければならないという方針を採るのであれば、それはそれで筋が通った一貫性のある態度といえるでしょう。しかしその場合でも、次の問題は、「事故を十分防ぐための対策にはどのような選択肢があり、どれが最もコスト効率よく実現できるか？」です。

出力抑制による運用の工夫

　ここまでで、N-1基準という電力の安定供給の観点から、送電線は100％フルに使うことができず、常時でもある程度空けておかなければならないという電力システムの設計・運用思想を見てきました。また、いくつかの電力会社が現在採用する空容量の計算方法は、送電線に接続された全ての電源が定格容量で100％運転するという「最過酷断面」を想定していることが明らかになりました。さらに、その最過酷断面は科学的にはほとんど起こり得ない事象を想定しており、その最過酷断面で送電線に事故が発生する確率は天文学的な稀頻度となることもわかりました。

　ここからは技術的な問題というよりは、やや経済的な問題です。このような稀頻度の事象を放置せずにきちんと対策を採ると判断した場合、最も簡単ですぐにでも実現可能な方法は、**出力抑制**（出力制御と表記する文献もあります）です。

　風が吹き太陽が照り過ぎて再エネからの出力が増えてきて、あと数時間先に主要幹線に雷などで万一事故があったらN-1基準を満たすことができない、という状況の場合、風力・太陽光発電所に信号を送ってその時間帯だけ出力を絞る、という方法です。せっかく再エネで作った電気を捨てるので一見もったいないように見えますが、捨てる量がわずかであれば、他の手段よりコストが安く、すぐに実現でき、合理的な方法です。

　事実、再エネの大量導入が進む欧州では、10年以上前からこの方法が電力システムの運用に組み込まれて実施されています。

図2-2-4は、筆者をはじめとする各国研究者・エンジニアの有志が共同で調査した各国の出力抑制を比較した図です。横軸は再エネ（ここでは変動性の再エネ電源を対象としているので、太陽＋風力）の導入率、縦軸に出力抑制率（風力＋太陽光の年間発電電力量に対する抑制された電力量の比率）を示したグラフです[27]。

　図のように、再エネの導入が進む欧州では風力＋太陽光の導入率が20%前後と大量導入されても、出力抑制によって捨てざるを得なかった再エネの電力量は年間数%に過ぎません。特に北海道と同じく島国で他の地域との連系線も少ないアイルランドでも2015年で5%程度に留まっています。

図2-2-4　欧州主要国の風力＋太陽光導入率と出力抑制率の相関（文献 [27] のグラフを筆者翻訳）

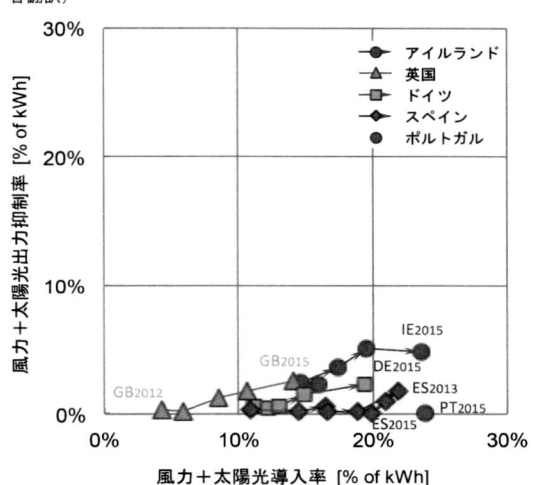

　このように、出力抑制など系統運用上の対策として十分実現可能な選択肢があるにも関わらず、なぜ系統計画(すなわち再エネ電源の接続)の問題に話がすり替わってしまうのでしょうか？本来、技術的にも簡単でコストの低い解決手段である出力抑制を十分活用する前に、より多額のコストがかかる系統増強や、再エネの接続制限で問題解決を図ろうとしていることになります。これは、現在所有するアセット（設備）を十分活用しないうちに追加の設備投資を行うことに他なりません。ここには論理的に大きな飛躍があり、技術的観点だけでなく、経済的にも合理性を見いだすことは困難であるといわざるを得ません。

　経済産業省でも昨今の事態を重く見て、**日本版コネクト＆マネージ**の議論をスタートさせました[28]。コネクト＆マネージは、その名の通り、まず接続（コネクト）を許可し、運用面で管理（マネージ）するという方法です。このコネクト＆マネージは、元もとイギリスで採用されている再エネの系統接続問題を解決するための政策です。再エネ大量導入が進む他の国でも似たような法制度が取られており、海外では当たり前の合理的な方法論です。日本でもこれを徹底しようとする議論が経済産業省の審議会などでも行われるということは、大きな前進であるといえます。

冒頭のそば屋さんの例えでいうと、店の前に並んでいるお客さんの行列を解消するためには、今から2号店を立てるというよりも前に、今ある1号店の運用を見直し、多くの客に入ってもらう、という考え方です。

柔軟性は、今あるアセットから有効活用

　このような考え方は、送電線の利用だけでなく、再エネを大量導入する際に必要となる調整力をどのようにやりくりするか、という問題にも共通します。再エネ大量導入のために必要な調整力は、日本では火力発電によるバックアップという古い考え方がまだまだ支配的かもしれませんが、海外ではより上位の概念である**柔軟性（フレキシビリティー）**についての議論が活発になっています。

　図2-2-5は国際エネルギー機関（IEA）から公表された柔軟性を導入するための推奨フローチャートです。風力や太陽光などの変動する再エネ（VRE）を大量導入するために必要なのは、「まず、火力のバックアップや蓄電池！」と多くの日本人は思いがちですが、調整できる（ディスパッチ可能な）能力を持つ電力設備にはさまざまなものがあります。例えば、水力発電、分散型コジェネ、揚水発電、送電線など、多様性があります。さまざまな地理的・気象学的環境や電力システムの構成状況などを考慮しながら、世界各国・各地域で「今あるアセットから優先的に使う」というのが第1段階です。その後、第2段階として、今あるものだけでは足りないということがわかってきたら、「コストの安いものから建設を始める」ことになります。

　このような考え方の推奨が、原発事故のあった2011年にすでに国際機関から公表されていたのは象徴的なことです。この報告書は残念ながら日本語に翻訳されていないため、このコンセプトがまだ日本では一般市民だけでなく、マスコミや政策決定者、研究者にも十分浸透していないのかもしれません。

図2-2-5　柔軟性導入のためのフローチャート [29]

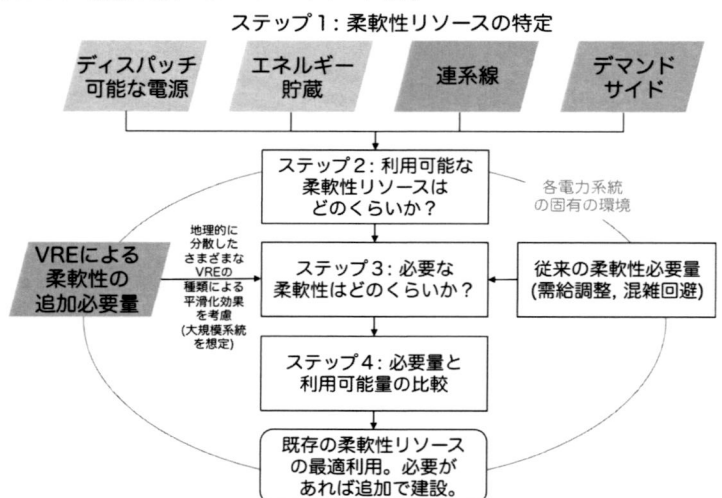

このように、運用面での工夫を行い、今あるアセットを有効活用することが本来最優先であるにもかかわらず、それをすっ飛ばして新規送電線の増強が必要となるという主張は、説得力を持つとは言えません。

2.3 送電線空容量問題の根本原因は何か？ -その2：経済編-

前節での議論で、天文学的な稀頻度事象に対するリスク対策として、本来系統運用で対応できるものがなぜか系統計画（送電線の増強や接続の遅延）に議論がすり替わっていることがわかりました。しかも、送電会社が将来を見越して自らそのコストを負担して送電線を建設するのであればまだ筋が通るものの、巨額のコスト負担が発電事業者に請求されるというのも、輪をかけて不公平感を助長しています。

原因者負担の呪縛

ここで「え？ 新しく入ってくる人のせいでコストが発生するんだから、そのコストは新しい人に払ってもらうのは当然じゃないの？」と、もしかしたら多くの方は考えるかもしれません。実際にネットやSNSではそのような論調が多く見られますし、一見その方が公平そうに見えます。

再生可能エネルギー電源に限らず、どのような電源でも新しい電源を電力系統に接続する場合には、たいてい、系統側に何らかの対策や増強が必要となりコストが発生します。特に風力や太陽光発電のように出力が自然条件によって変動する電源の場合、その変動を管理するための対策やコストが必然的に発生します。

今までの発送電分離されていない垂直統合された電力システムでは、発電部門も送電部門も同じ会社が所有していたので、どちらがそのコストを負担するかはあまり大きな問題になりませんでした。しかし、電力自由化により発電会社が複数出てきたり、発送電分離が行われ発電部門と送電部門の経営が切り離されると、どちらがそのコストを負担するかという問題は非常に重要になります。

このような、「新しい電源を接続しようとする場合に系統側で発生する対策は、誰が責務を負って誰がコストを支払うべきか？」という問題が発生した際、現在の日本では、風力や太陽光発電の事業者に系統増強コストの負担が請求されています。この考え方は**原因者負担の原則**と呼ばれます。

例えば、今はもう解散した電力系統利用協議会（ESCJ）という機関では、同機関が発行する「電力系統利用協議会ルール」[30]の第3章13節および第6章13節において、特別高圧および高圧の工事負担の考え方として、この「原因者負担」という言葉がはっきりと明記されていました。

しかし、新規技術を市場に参入させる場合には、原因者＝新規参入者にコストを負担させることは、一見公平なように見えて実は公平ではありません。なぜならば公平感を感じるのは既存ルールによる恩恵を甘受している既存プレーヤーだけであり、新規プレーヤーに対しては高

い参入障壁になりやすいからです。

受益者負担という発想

　一方、原因者負担の原則の反意語としては、**受益者負担の原則**という用語があります。受益者負担とは、あるものを導入する場合に一時的にコストが発生するものの、それは最終的に**便益（ベネフィット）**を生み出すものなので、便益を享受する人たちがそのコストを少しずつ負担しましょう（しかしそのコストよりも得られる便益の方が上回ります）という発想です。再生可能エネルギーには便益があります。再エネを選択することにより、大気汚染や気候変動など将来にツケを回す負の遺産を減らすことができます。再エネの選択は、次世代への富の再配分ともいえるでしょう。

　欧州や北米の送電会社や規制機関はそのことに気付きはじめ、多くの議論の末、今やすっかり受益者負担の原則に転換しています。送電会社が一時的に負担した再エネの変動対策コストや送電網増強コストは、電気代に転嫁され受益者である電力消費者が支払います。電力消費者にとって負担コストは一時的に上昇しますが、その額はわずかであり、将来見込める便益の方が大きいことがさまざまな費用便益分析から明らかになっています。

　例えば、欧州送電系統事業者ネットワーク（ENTSO-E）という欧州の送電会社の連盟が2016年末に公表した「系統開発10ヶ年計画」[31]によると、欧州（EUに加え、スイス、ノルウェーなど）全域で2030年までに国際送電線だけで200ものプロジェクトが計画され、1500億ユーロ（≒20兆円）の投資が必要であるとのことです。

　仮にこの部分だけ切り取って日本でニュースに流すと、「そんなにコストがかかるのか！」、「どうやってそれを回収するのか？」、「電気料金が上がってしまう！」という反応が起こるかもしれません。実際、同資料では、「将来ネットワークコスト（日本の託送料金にほぼ相当）は上昇する」とはっきり明言されています。しかしながら、その巨額の投資によるネットワークコストの上昇は、kWhで割ると、今後15年間で1.5〜2ユーロ/MWh（≒0.20〜0.27円/kWh）にすぎません。

　さらに、同報告書では、2030年までに正味の電力価格としては1.5〜5ユーロ/MWh（≒0.20〜0.69円/kWh）低減すると試算されています。なぜ、ネットワークコストコストが上昇するのに、電力価格は低減するのでしょうか？　その答えは再エネの大量導入です。再エネは燃料費がタダで、化石燃料のように国際情勢で乱高下しないため、電力市場の卸価格が安定的に漸減していく効果をもたらします。

　日本では、FITによる電気代の上昇ばかりが喧伝されていますが、FITの負担は一時的・時限的なものであり、2030年頃をピークに漸減し最終的にはゼロになります。再エネには便益があり、それは次世代への富の再配分になるのです。この便益や受益者負担の発想なしにコスト負担だけを強調する議論は、「自分たちがハッピーに暮らせさえすれば、後の世代は知らん！」という発想になりかねません。

再エネの導入や電力系統の増強・新設にあたって、この受益者負担の原則を取るべき、という海外文献は実際に非常に多く見られます。例えばドイツの経済エネルギー省（BMWi）の「ドイツのエネルギー転換のための電力市場」[32]という白書（英語版）や、米国の規制機関である連邦エネルギー規制委員会（FERC）が2011年に策定した送電線建設の費用配分などを定めた「オーダー1000」[33]でも受益者負担が明言されています。

一般負担上限の罠

幸い日本でも、2015年4月に発足した電力広域運営推進機関（広域機関）で電力系統の広域連系のあり方について議論が進み、同機関のルールを定めた「送配電等業務指針」[8]の中で「受益者」という用語が明示的に登場しています。これは、広域機関の前身ともいえるESCJのルールでは存在しなかった用語と考え方が盛り込まれたことを意味しており、確実な前進と見ることができます。

また、経済産業省が2015年に公表した「発電設備の設置に伴う電力系統の増強及び事業者の費用負担等の在り方に関する指針（ガイドライン）」では、図2-3-1で示すように**一般負担**を原則とすることが定められており、この点も一歩前進です。

図2-3-1　経産省ガイドラインによる一般負担と特定負担 [34]

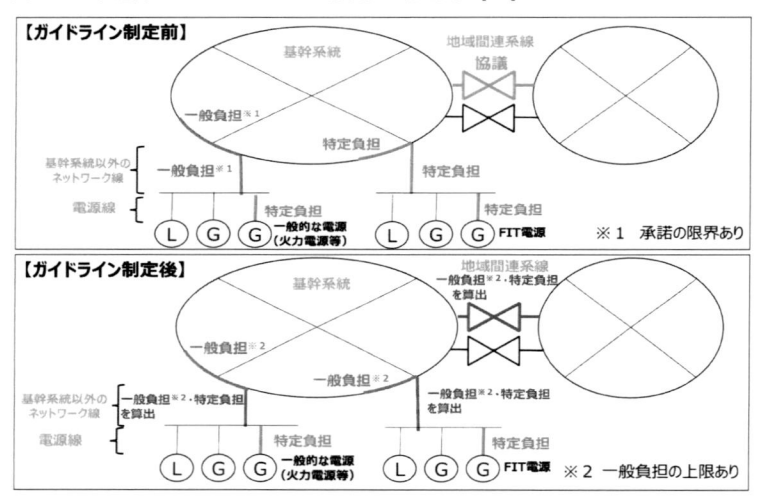

しかしながら、この一般負担にもループホール（抜け穴）があります。一般負担の上限が設けられ、残りは**特定負担**として発電事業者に転嫁されることにお墨付きが与えられたことになっています。

例えば、広域機関の「広域系統整備委員会」では、「地内系統増強に係る一般負担の上限については4.1万円を基準に（中略）電源種別ごとに最大受電電力当たりの一般負担の上限額を設定する」[35]という議論があり、ここで再エネ電源に特定負担が課されることの正当性が与えられてしまった形となっています。

同委員会では、一般負担上限額は陸上風力で2.0万円、太陽光で1.5万円と設定されていますが、この発想は「全ての電源を定格出力にて算出」の考え方と同じであり、実潮流ベースではないどんぶり勘定の計算方法に他なりません。結局、受益者負担の原則（一般負担）と言いながら、事実上の原因者負担の原則（特定負担）となっており、時計の針が逆戻りしています。

　原因者負担の原則の名の下に新規技術に対して過度なコスト負担や技術的リスクを転嫁すると、新規技術の高い参入障壁となり、イノベーションも投資も進まなくなります。

　一方、欧州や北米を中心とする諸外国の研究や実務からは、再エネのような便益を生み出す設備を導入するためには、受益者負担の原則に基づき受益者（電力消費者）が広く薄くコストを負担した方が公平性の観点から妥当であり、結果的に全体の社会コストを最小化できることが明らかになっています。

　再エネの大量導入を進めている世界の多くの国や地域では、受益者負担の原則（日本でいう一般負担）が浸透しているが故に、再エネ事業者の事業リスクも低くなり、健全な価格競争の下、再エネの発電コストを低減させながら大量導入が進むという好循環が生まれています。

2.4 送電線空容量問題の根本原因は何か？-その3：政策編-

欧州では法律で実潮流ベースが定められる

　再生可能エネルギーの導入や電力自由化が進む欧州では、これまでの知見を積み重ねてきており、現在では定格容量で計算することを禁止し、実潮流を用いることを法律文書レベルで推奨しています。

　例えば、欧州連合（EU）では**指令**という法律文書があります。この指令は加盟各国の法令の上位に立ち、加盟各国の法令はこの指令に適合した形に改正しなければなりません。「**自由化指令**」とも呼ばれる Directive 2009/72/EC [36] では、容量に関して以下の条項が見られます（下線部は筆者）。

・Article 23

The transmission system operator shall not be entitled to refuse the connection of a new power plant on the grounds of possible future limitations to available network capacities, such as congestion in distant parts of the transmission system.

【筆者訳】**第23条**　送電系統運用者（筆者注：送電会社）は、送電系統の離れた部分の混雑など、利用可能なネットワークの容量の将来可能性ある制約に基づいて新規発電所の接続を拒否する権利を与えられ<u>てはならない</u>。

・Article 32

2.　The transmission or distribution system operator may refuse access where it lacks the necessary capacity. Duly substantiated reasons must be given for such refusal, ···, and based on objective and technically and economically justified criteria.

【筆者訳】**第32条**第2項　送電系統運用者及び配電系統運用者は必要な容量が不足する地点でアクセスを拒否する可能性がある。そのような拒否には、（中略）技術的かつ経済的そして客観的に正当性が保証された基準に基づく、適切に実証された理由が<u>なければならない</u>。

　またこれとは別に、国際連系線の取り決めを定めた規則 Regulation No 1228/2003[37] があり、そこでは、

- **Article 2 (Definitions)**

    1. (c) 'congestion' means a situation in which an interconnection linking national transmission networks cannot accommodate all physical flows resulting from international trade requested by market participants

    【筆者訳】第2条（定義）第1項(c)　「混雑」は、市場参加者による国際取引の結果、各国の送電ネットワークを結ぶ連系線が全ての物理的潮流に適応できない状態を意味する。

- **Article 13**

    5.　The magnitude of cross-border flows hosted and the magnitude of cross-border flows designated as originating and/or ending in national transmission systems shall be determined on the basis of the physical flows of electricity actually measured during a given period of time.

    【筆者訳】第13条第5項　各国の送電系統が起点及び／または終点として受け入れられる地域を超えた潮流の大きさ、及び設計された地域を超えた潮流の大きさは、所与の時間期間の間に実際に計測された実潮流を基に決定され<u>なければならない</u>。

　つまり、図2-2-1で見たような<u>日本のやり方（時系列の等時性を無視して定格を積み重ねて送電線の空容量を算定する方法）は、欧州の法律では「してはならない」レベルである</u>ことになります。

正当な理由がなければ接続を拒んではならない

　一方、日本では、2015年7月に改正され、2017年4月1日から施行された電気事業法の第十七条に、以下の条項が盛り込まれています。

- **第十七条　（託送供給義務等）**

    4　一般送配電事業者は、発電用の電気工作物を（中略）運用しようとする者から、（中略）電気的に接続することを求められたときは、（中略）<u>正当な理由がなければ、当該接続を拒んではならない</u>。

　さらに、2016年6月3日に改正され、2017年4月1日から施行された改正FIT法（電気事業者による再生可能エネルギー電気の調達に関する特別措置法（平成28年法律第59号））の第十六条に以下の条項が盛り込まれています。

- **第十六条　（特定契約の申込みに応ずる義務）**

    経済産業省令で定める<u>正当な理由がある場合を除き</u>、特定契約の締結を拒んではならない。

また、FIT省令と呼ばれる電気事業者による再生可能エネルギー電気の調達に関する特別措置法施行規則（平成24年経済産業省令第46号）では、以下のように記述されています（下線部は筆者）。

・第十四条（特定契約の締結を拒むことができる正当な理由）

　法第十六条第一項の経済産業省令で定める正当な理由は、次のとおりとする。

　（中略）

　九 特定契約申込者と特定契約電気事業者の間で、特定契約申込者の認定発電設備と特定契約電気事業者が維持し、及び運用する電線路との電気的な接続により、被接続先電気工作物に送電することができる電気の容量を超えた電気の供給を受けることとなることが合理的に見込まれるにもかかわらず当該接続に係る契約が締結されていること。

　この省令で登場する「合理的に見込まれる」という表現が着目すべき点です。電力会社の空容量の算出方法は本当に技術的・経済的観点から合理的かどうかが問われています。

2.5 まとめ -送電線空容量問題の本質-

　これまで議論してきたように、送電線の空容量問題がなぜ発生するかを追いかけると、「単に空いている／空いていない」という表層的な問題ではなく、重層的で複雑な要因を孕んでいることがわかります。送電線空容量問題の発生要因とその取るべき対策をまとめると、以下のようになります。

・稀頻度事象に対する技術的問題

　　発電所の定格容量で計算するのは合理性がない。

　　　→　実潮流に基づく分析と評価が必要。

・系統運用と系統計画の議論のすり替えの問題

　　本来、系統運用の範疇で十分対策できるはずなのに、なぜか系統計画（電源接続）の問題にすり替わっており、そのリスクが発電事業者に不自然に転嫁されている。再エネ発電事業者への過度なリスク転嫁はFIT買取価格の低廉化に悪影響を与える。

　　　→　コネクト＆マネージの推進が必要。

・必要な対策のコスト割り当ての問題

　　再エネに対する原因者負担の原則（特定負担）は、本質的に不公平性や非効率性を孕み、新規技術の参入障壁を作りやすく、社会コストを無駄に押し上げる可能性がある。

　　　→　受益者負担の原則（一般負担）の徹底が必要。

　幸い、現在コネクト＆マネージの議論が進み、事態は改善する方向に向かっています。しかしながら、その議論の結論が出る前に、従来のルールに基づく募集プロセスの入札が行われようとするなど、公平性の観点から必ずしも適切とはいえない動向も見られ、予断は許しません。

　この問題は特定の産業界の収益性の問題ではなく、エネルギー政策の公平性と透明性に関わる根幹的な問題です。多くの市民の監視の下、透明な議論が進み、公平なルールが作られるよう、事態の推移を見守りたいと思います。

2.6 素朴な疑問に答える -Q&A集-

Q1. 送電線の年間利用率だけを議論しても意味はないのでは？

Q2. 停電対策のためには、最大利用率（ピーク）を見なければ意味がないのでは？

A1&A2. 確かに、停電対策のためには年間利用率ではなく、最大利用率（ピーク）に着目するのも一つの手です。しかし、2.1節図2-1-6のグラフに見る通り、年間利用率と最大利用率には有意な相関が見られます。したがって、最大利用率だけに着目するのではなく、やはり年間利用率も同時に議論するのは、有効な手段となります。

　また、送電線空容量問題が問題である所以は、単に空いているか空いていないかではなく、それを理由に再エネ電源の接続の遅延や高額の増強費用の請求が行われていることにあります。2.2節でも述べた通り、これは本来運用で対処できるものが電源接続の問題にすり替わっていることに起因します。したがって、既存のアセットを有効利用するという観点からも、年間利用率という指標で評価することは重要になります。

Q3. これ以上再エネを接続したら停電になってしまう！

A3. 本書で議論していることは、電力の安定供給を損ねてまでも再エネを無理やり導入するということではありません。電力の安定供給を損ねずに再エネを大量導入する方法は確実に存在し、実際に世界中でさまざまに検討され実用化が進んでいます。古い考え方や従来の慣習では確かに難しいかもしれません。では、新しいやり方や他の選択肢もあるので、それを皆で考えましょう、ということが本書で訴えていることです。

Q4. 太陽光や風力は66kVや157kVなど、より低い電圧の送電線につながっている。500kVや275kVなどの高い電圧の送電線の利用率を見ても意味はないのでは？

Q5. 太陽光や風力が直接接続されている66kVや157kVなど、より低い電圧の送電線のデータも調べて欲しい。

A4&A5. 今回の分析は、電力広域的運営推進機関（広域機関）がウェブサイトで公開している

各電力会社上位2系統の基幹送電線のみを対象としました。それ以外の送電線の情報は開示されていないため、第三者が分析することはできません。

　しかしながら、上位系統での分析が全く役に立たないかというとそうではありません。一つは、下位系統への再エネ接続の遅延や系統増強費用の請求の理由の一つとして「上位系統に空容量がないため」とされるケースも少なくないからです。また、上位系統の空容量の決定方法（さらには再エネ電源の接続の可否）について、透明性や公平性の観点から問題提起し議論を進めることは、下位系統でなぜこれ以上接続できないかのかという理由について、今後より一層の情報公開を促すことにも役立つものと考えられます。

Q6. 再エネがつなげないのは原発のせい？

A6. 一部の路線だけを見れば、再稼働していない原発のために空けている、という解釈も成り立つかもしれません。しかし、それだけでは表層的な解釈に終わってしまいます。なぜならば、原発が一部再稼働しているエリアでもまだ空容量がある（空容量ゼロではない）路線もあり、日本全体で必ずしも原発との相関性は見られないからです。

　また、送電線空容量問題の根本原因は、①実潮流ベースでなく定格容量の積み上げにより空容量を判断していること、②既存電源と新規電源を分けており、送電線の公共的な利用（電力市場での公平公正な競争）という発送電分離の理念から乖離していること、があげられます。原発だけをやり玉に挙げ問題をクローズアップすると、かえって問題の本質を見失い、問題解決の糸口からどんどん外れてしまう可能性があります。

Q7. 送電線は最大でも50%までしか使えないと政府は言っているが？

A7. 「最大50%」という数値は、実は経済産業省令である『電気設備に関する技術基準を定める法令』や広域機関の『送配電等業務指針』を見てもどこにも記載されていません。

　送電線は設備容量（熱容量）に対して50%しか使えないという表現が公的文書に登場したのは、筆者が知る限り、2017年12月26日に公表された経済産業省のスペシャルコンテンツ[7]の説明が初めてです。図1-2-2に関連して述べた通り、この説明自体は決して誤りではなく、単純理想化された場合の「分かりやすい説明」なのですが、誤解されやすい書き方で、事実、この数値が一人歩きしています。

　また、ネットやSNSの議論を見ると、「最大でも50%」が何を基準とした50%なのか（分母に何を用いるのか）が混乱気味で、水掛け論に拍車をかけているようです。上記のスペシャルコンテンツに掲載された図の説明では、設備容量（熱容量に相当）に対して50%としているようです。一方、本書の分析では分母に広域機関が公表する「運用容量」のデータを用いています。

ここで重要なのが、広域機関が公表する「運用容量」のデータの決定要因が「熱容量」と記載されているものばかりであるということです。つまり、広域機関が公開しているデータは、表向きは「運用容量」と言っておきながらその実態は熱容量（設備容量と同義と解釈できる）だったということになります。例えば、経産省スペシャルコンテンツでは「ボトルネック」の存在と地域全体の影響について言及していますが、だとすればなおさら当該送電線の熱容量をそのまま運用容量としてしまうのは、電力の安定供給上問題があるといわざるを得ません。経産省のスペシャルコンテンツの説明と、広域機関の公表データに矛盾が生じることになり、透明性の問題からもこの点に関してさらなる疑問と懸念が沸き起こります。

Q8. 接続を制限しないと、再エネ電源が日本中で勝手にあちこちできてしまう！

A8. このような意見は「政策の不調和」というキーワードで説明できます。再エネ電源が日本中で勝手にあちこちできてしまわないようにするために、電力系統への接続の段階で再エネ電源を制限することは、理に適っていることなのでしょうか？

　そもそも、発電所の計画を政府や電力会社が箸の上げ下げに注文を付けるようにコントロールしようとする考え方自体が、発送電分離や電力自由化のコンセプトに反しています。発送電分離により発電部門は自由競争になるからです。電源計画に対して、このような箸の上げ下げまでコントロールしようとする方法は、社会主義的な計画経済と同じです。

　もちろん、自由競争だからといって、なんでも好き放題にやっていいわけではありません。例えていうなら、リングを作ってルールを定めて、そのリングの中では対等に公平公正に戦ってください、というのが市場経済です。政府や規制者は、特定のプレーヤーに肩入れしたり贔屓するのではなく、反則をしたり場外乱闘をしたりする者を厳しく監視し、罰する義務があります。

　確かに一部の再エネ発電所の中には、法令違反やそれに抵触する可能性がある事例も散見され、周辺住民との軋轢を生み出しているケースも見られます。そのような不適切なケースは（再エネに限らず）厳しく取り締まるべきだと筆者は考えます。しかし、そのような不適切なケースだけをクローズアップして一律に制限をかけたり禁止したりすると、今度は真面目に取り組んでいる事業者にしわ寄せがいってしまう可能性もあります。正直者が馬鹿を見ないように、やはり公平公正なルールづくりが必要です。

　再エネの大量導入が進んでいる欧州では、再エネが大量に導入されながらも地域住民との摩擦や無駄なインフラ投資にならないよう、ゾーニングなどの土地利用規制の制度設計を早くから進めてきました。本書ではこのゾーニングについて詳しく説明する余裕はありませんが、簡単にいうと、事業計画届が個別に提出される前に、住民が参加しながら地方自治体や政府などが土地利用の優先順位を定め、再エネの大量導入目標に見合った無理のない土地開発計画を促す仕組みです。このゾーニングという概念は、まだまだ日本では希薄な気がします。

　このように、他にとるべき政策がありながら、そのような政策の遅れが電力系統の接続とい

う技術的な問題に転嫁され、本来、系統接続の段階で制限するのは技術的にも経済的にも合理性がないにもかかわらず、系統接続で制限をかけようとしているのが日本の現状です。送電線空容量問題の根の深さがここにも見ることができます。

Q9. 接続を制限しないと、FIT（固定価格買取制度）で国民負担がさらに上がってしまう！

A9. そもそもFITと電源接続（送電線空容量問題）は直接的には関係がない問題ですが、この問題も、政策の不調和の観点から説明することができます。

FIT賦課金で国民負担が増大するという主張は多く聞かれますが、便益（2.3節参照）の概念のないコスト論は近視眼的といえます。なぜならば、再エネへの投資は次世代への富の再配分につながるからです。便益をもたらす再エネの投資を抑制するということは、積極的にデフレを推奨することにもなってしまいかねません。

また、電気代が高いと貧困層や中小企業が困る！ という主張もありますが、本来、貧困対策や中小企業支援は別の政策で効果的に行うべきであり、それらの政策の不備・不作為の結果、エネルギー政策（特に電気代の多寡）にしわ寄せが来るとしたら、それは本末転倒です。ここにも政策の不調和が見られることになります。

もちろん、再エネは将来便益を生み出すものだからといって、現在の世代に無制限に負担をかけて良いという理論にはなりません。そのためにもFIT買取価格の低廉化は急務です。そして、どうしたらFIT買取価格の低廉化を促進できるか？ という点で、送電線空容量問題とFITとの関連が間接的ながら意味を持ってきます。

FIT買取価格を下げるようにするにはどうしたら良いでしょうか？ 一つは太陽光パネルや風車などの構成要素のコストを下げることです。また、工期の短縮や合理化などを図って建設・施工費を下げることも重要です。それは産業界の努力によって行われます。しかし、コスト抑制の選択肢はそれだけでしょうか？ 実は日本ではほとんど議論されていない（そして欧州では10年以上前から盛んに議論されている）ことの一つに、事業リスクの低減化をあげることができます。これは産業界の努力だけではなく、政府や規制機関の努力によって行われるべきものです。

再エネは技術としてはまだまだ新しい技術で、技術的成熟度は上がってきたものの、商業的なノウハウはまだ完全に積み上がっているわけではありません。そのような状況の中で事業を立ち上げ、20年間発電を続けるには相当のチャレンジが必要です。それだけではなく、一般に新規技術が市場参入する際には、参入障壁が大きく立ちはだかっています。なぜならば市場は従来技術の積み重ねによってルールが作られており、新規技術の参入を想定していない場合が多いからです。

再エネの導入にあたり、新規技術に対する参入障壁の最たるものが、系統連系問題と言えるでしょう。そして目下、系統連系問題の中で喫緊の課題が送電線空容量問題です。この問題で

は、従来電源に過度に有利な現行ルールが設定されているため、実際に接続を申し込んでも数年も待たされたり、数億円の系統増強費用が請求されたりと、相当に大きな事業リスクを新規参入者にもたらします。これではFIT買取価格を下げることを国民全体で議論しなければならない時に、むしろ買取価格が高止まりすることを後押しする政策となってしまいます。FIT買取価格を下げるためには、事業リスクを下げる環境づくりが必要であり、それが本来の政策の役割なはずです。FIT価格を一刻も早く低廉化させ、国民負担（最終的には便益があるので本来無駄な負担ではないのですが）を少しでも低減させるためには、新規技術に対する高い高い参入障壁である系統連系問題を一刻も早く解消することが近道なのです。

　本書で取り扱う送電線空容量問題は、単に空いている／空いていない、もうこれ以上接続できない／接続させろ、という表層的問題ではなく、他の法令や政策との調和というより大きな視点で考えるべき深い問題です。このことを理解し、複雑に絡まりあった糸をほぐし、問題解決の糸口を探るための議論を続けることが重要です。

3

第3章　データとエビデンス編

◉

3.1 全国基幹送電線空容量＆利用率データ一覧表

●北海道電力

・275kV（6路線）

線路名	潮流方向 （変電所・開閉所）	電力会社が公表する空容量	年間最大運用容量	年間最大運用容量基準の利用率			運用容量実績基準の利用率	最大利用率	混雑率	実潮流に基づく空容量の年間平均	
				順方向	逆方向	双方向				順方向	逆方向
道央北幹線	西当別→西野	1222	3,810	0.1%	1.8%	1.9%	2.1%	9.6%	0.00%	3,581	3,456
道央西幹線	西双葉→西野	988	2,858	13.1%	0.0%	13.1%	14.0%	35.6%	0.00%	2,326	3,077
道央南幹線	南早来→西双葉	404	3,132	0.0%	9.5%	9.5%	11.4%	46.8%	0.00%	2,915	2,318
道央東幹線	西当別→南早来	726	3,786	0.0%	11.4%	11.4%	16.9%	118.1%	0.09%	3,107	2,243
道南幹線	西双葉→大野	0	1,872	0.2%	10.7%	10.9%	13.0%	48.2%	0.00%	1,768	1,375
狩勝幹線	北新得→南早来	651	2,544	0.0%	10.1%	10.1%	12.2%	27.0%	0.00%	2,338	1,824

・187kV（32路線）

線路名	潮流方向 （変電所・開閉所）	電力会社が公表する空容量	年間最大運用容量	年間最大運用容量基準の利用率			運用容量実績基準の利用率	最大利用率	混雑率	実潮流に基づく空容量の年間平均	
				順方向	逆方向	双方向				順方向	逆方向
苗穂北線	篠路→西当別	673	1,504	0.0%	12.7%	12.7%	14.5%	60.9%	0%	1,507	1,126
篠路線	西当別→篠路	436	1,504	0.0%	8.7%	8.7%	9.9%	18.9%	0%	1,456	1,193
西札幌線	篠路→西札幌	90	1,084	0.9%	2.4%	3.3%	6.0%	26.6%	0%	617	586
室蘭西幹線1	西札幌→西野	132	1,296	0.0%	23.2%	23.2%	28.9%	65.8%	0%	1,377	776
室蘭西幹線2	双葉→西野	28	630	35.4%	0.0%	35.4%	41.2%	146.4%	0.96%	320	766
室蘭西幹線3	双葉→西室蘭	0	722	0.8%	16.5%	17.3%	21.1%	82.2%	0%	708	482
室蘭西幹線4	西室蘭→室蘭	0	722	16.6%	0.1%	16.6%	20.3%	120.7%	0.04%	475	713
南九条線	西野→南九条	450	675	31.8%	0.0%	31.8%	35.1%	69.3%	0%	403	832
西小樽線	西小樽→西野	258	653	0.0%	16.4%	16.4%	19.1%	40.9%	0%	672	459
双葉東線	双葉→苫小牧	49	600	0.4%	6.7%	7.1%	9.7%	71.4%	0%	493	418
室蘭東幹線	室蘭→苫小牧	0	388	12.8%	3.6%	16.4%	24.0%	115.3%	0.23%	233	305
追分線	追分→南早来	268	1,230	0.0%	27.6%	27.6%	30.6%	81.3%	0%	1,449	769
追分恵庭線	恵庭→追分	226	1,230	0.0%	26.0%	26.0%	28.8%	49.4%	0%	1,431	790
恵庭南札線	南札幌→恵庭	342	1,134	0.0%	16.9%	16.9%	17.8%	72.8%	0%	1,269	887
南札幌幹線	北江別→南札幌	168	778	7.8%	0.7%	8.5%	8.9%	28.1%	0%	687	799
北江別線	北江別→西当別	504	1,892	0.0%	5.4%	5.4%	6.1%	19.3%	0%	1,799	1,596
大野線	北七飯→大野	0	1,136	0.1%	8.8%	8.9%	10.1%	57.3%	0%	1,107	908
函館幹線	双葉→北七飯	0	516	0.4%	14.9%	15.3%	18.7%	89.9%	0%	498	348
道北幹線	旭川嵐山→西当別	0	912	0.0%	10.1%	10.1%	11.5%	36.6%	0%	893	709
旭川南線	旭川→旭川嵐山	0	632	0.0%	12.9%	12.9%	16.4%	53.5%	0%	573	410
名寄幹線1	西名寄→旭川嵐山	0	518	1.6%	6.6%	8.2%	11.0%	34.7%	0%	415	363
名寄幹線2	西旭川→旭川嵐山	0	518	5.3%	1.3%	6.7%	8.6%	38.2%	0%	371	413
旭川幹線	西滝川→西旭川	0	530	19.3%	0.0%	19.3%	22.7%	84.1%	0%	338	543
新得追分線	北新得→追分	0	516	2.1%	5.3%	7.4%	9.2%	53.0%	0%	436	402
日高幹線	南早来→岩清水	0	285	10.8%	2.6%	13.4%	21.1%	142.9%	0.44%	166	213
岩松西線	北芽室→北新得	0	516	0.0%	12.0%	12.1%	14.4%	47.0%	0%	491	367
西音更線	西音更→北新得	0	648	0.0%	17.3%	17.3%	19.3%	40.7%	0%	685	462
道東幹線	宇円別→北新得	0	742	0.3%	11.3%	11.6%	14.0%	49.8%	0%	695	531
釧路北線	東釧路→宇円別	0	540	0.0%	27.0%	27.0%	28.6%	65.6%	0%	658	367
西春別線	西春別→東釧路	0	412	0.0%	16.0%	16.0%	22.4%	45.1%	0%	365	233
北本七飯線	北七飯→函館変換所	不明	778	0.6%	14.9%	15.6%	16.7%	85.5%	0%	827	605
日勝幹線	北新得→新冠	0	332	0.5%	19.7%	20.3%	21.6%	88.9%	0%	377	249

●東北電力

・500kV（4路線）

線路名	潮流方向 （変電所・開閉所）	電力会社が公表する空容量	年間最大運用容量	年間最大運用容量基準の利用率			運用容量実績基準の利用率	最大利用率	混雑率	実潮流に基づく空容量の年間平均	
				順方向	逆方向	双方向				順方向	逆方向
十和田幹線	上北→岩手	0	9,872	0.0%	2.0%	2.0%	2.0%	8.5%	0%	9,928	9,546
北上幹線	岩手→宮城	0	9,872	0.0%	3.4%	3.4%	3.5%	10.6%	0%	9,919	9,257
青葉幹線	宮城→西仙台	0	9,408	0.0%	6.8%	6.8%	7.1%	20.6%	0%	9,734	8,454
常磐幹線	西仙台→南相馬	200	9,408	14.5%	0.0%	14.5%	14.8%	31.5%	0%	7,832	10,551

・275kV（30路線）

線路名	潮流方向 （変電所・開閉所）	電力会社が公表する空容量	年間最大運用容量	年間最大運用容量基準の利用率			運用容量実績基準の利用率	最大利用率	混雑率	実潮流に基づく空容量の年間平均	
				順方向	逆方向	双方向				順方向	逆方向
北青幹線	上北→青森	0	2,500	0.1%	7.4%	7.5%	7.9%	24.3%	0%	2,595	2,227
北奥幹線	能代→青森	0	2,500	18.3%	0.0%	18.3%	19.0%	30.5%	0%	1,938	2,852
北部幹線	上北→岩手	0	1,808	3.1%	0.2%	3.2%	3.5%	20.2%	0%	1,687	1,791
大潟幹線	能代→秋田	0	3,618	14.6%	0.0%	14.6%	14.9%	35.2%	0%	3,015	4,070
秋盛幹線	秋田→零石	0	1,544	16.0%	0.0%	16.0%	17.5%	69.5%	0%	1,175	1,667
岩手幹線	零石→岩手	0	1,544	16.4%	0.0%	16.4%	18.3%	73.8%	0%	1,159	1,667
秋田幹線	秋田→羽後	0	1,544	11.1%	0.3%	11.4%	12.1%	38.0%	0%	1,261	1,593
早池峰幹線	岩手→水沢	0	1,748	1.3%	2.1%	3.4%	4.6%	22.8%	0%	1,452	1,422
奥羽幹線	羽後→宮城	0	1,446	5.5%	1.2%	6.7%	8.4%	43.8%	0%	1,135	1,257
水沢幹線	水沢→宮城	0	1,544	0.0%	11.8%	11.8%	12.7%	36.3%	0%	1,624	1,260
陸羽幹線	宮城→新庄	0	3,094	4.1%	0.4%	4.5%	4.5%	23.8%	0%	2,956	3,181
山形幹線	新庄→西山形	0	2,714	4.8%	0.0%	4.9%	4.9%	18.3%	0%	2,565	2,826
鳴瀬幹線	石巻→宮城	79	3,094	0.0%	3.6%	3.6%	3.6%	14.6%	0%	3,195	2,976
宮城幹線	宮城→仙台	199	1,544	0.0%	37.0%	37.0%	41.0%	107.0%	0.10%	1,969	828
仙台幹線	西仙台→仙台	136	1,284	29.4%	0.4%	29.8%	31.6%	80.2%	0%	835	1,580
新仙台火力A線	東仙台→仙台	266	1,808	23.2%	0.1%	23.2%	24.7%	61.9%	0%	1,273	2,110
朝日幹線	越後→西仙台	0	3,618	24.1%	0.0%	24.1%	24.1%	55.2%	0%	2,747	4,489
蔵王幹線	西仙台→米沢	73	1,284	1.7%	9.3%	11.1%	13.0%	55.1%	0%	1,217	1,022
吾妻幹線	米沢→福島	49	2,256	12.4%	1.2%	13.6%	14.6%	57.2%	0%	1,810	2,315
北新幹線	北新潟→越後	0	3,592	4.9%	0.7%	5.5%	6.0%	49.2%	0%	3,205	3,506
五頭幹線	越後→新潟	0	3,592	12.4%	1.2%	13.6%	14.8%	42.3%	0%	2,887	3,698
中越幹線	越後→中越	0	3,618	12.0%	0.0%	12.0%	12.2%	39.7%	0%	3,153	4,023
飯豊幹線	新潟→米沢	0	1,544	14.3%	0.6%	14.9%	16.2%	63.8%	0%	1,198	1,621
新潟幹線	新潟→本名	0	1,058	10.1%	1.8%	11.9%	13.2%	180.3%	0.01%	835	1,011
東北幹線	本名→米沢	22	1,284	17.9%	0.3%	18.2%	20.0%	57.0%	0%	917	1,369
相福幹線	南相馬→福島	33	2,256	15.2%	0.2%	15.4%	18.7%	63.7%	0%	1,623	2,300
阿武隈幹線	福島→須賀川	48	2,256	6.5%	0.9%	7.4%	8.2%	45.1%	0%	1,918	2,168
勿来幹線	いわき→須賀川	48	1,808	13.7%	0.5%	14.2%	14.5%	173.8%	0.01%	1,515	1,992
いわき幹線	いわき→須賀川	0	2,256	0.3%	0.0%	0.3%	0.3%	21.3%	0%	2,088	2,100
東上越幹線	信濃川→東上越	0	1,544	5.4%	0.3%	5.8%	6.0%	24.0%	0%	1,372	1,529

●東京電力

・500kV（26路線）

線路名	潮流方向 （変電所・開閉所）	電力会社が公表する空容量	年間最大運用容量	年間最大運用容量基準の利用率			運用容量実績基準の利用率	最大利用率	混雑率	運用容量実績基準の利用率	
				順方向	逆方向	双方向				順方向	逆方向
川内線	南いわき→新いわき	5,000	6,582	10.0%	0.4%	10.3%	10.3%	33.7%	0%	5,950	7,213
南いわき幹線	南いわき→東群馬	2,900	4,936	31.2%	0.0%	31.2%	31.2%	57.1%	0%	3,394	6,478
新いわき線	新いわき→新今市	5,500	6,582	17.4%	0.0%	17.4%	17.4%	38.7%	0%	5,435	7,727
福島幹線（中）	新いわき→新茂木	2,100	3,291	20.4%	0.0%	20.4%	20.4%	59.9%	0%	2,600	3,944
福島東幹線（里）	新いわき→新筑波	2,100	3,291	8.4%	1.3%	9.7%	9.7%	53.2%	0%	3,058	3,522
新茂木線	新茂木→新栃木	3,400	6,582	33.6%	0.0%	33.6%	33.6%	70.7%	0%	4,369	8,794
福島幹線（里）	新茂木→新古河	不明	3,291	4.4%	11.7%	16.1%	16.1%	88.4%	0%	3,531	3,050
中栃木線	新今市→新栃木	2,100	6,582	16.9%	0.0%	16.9%	16.9%	55.2%	0%	5,471	7,692
新栃木線	新栃木→新新田	2,800	6,582	35.9%	0.0%	35.9%	35.9%	93.4%	0%	4,219	8,944
印旛線	新佐原→新京葉	0	5,578	19.5%	0.1%	19.6%	19.6%	56.3%	0%	4,497	6,659
新筑波線	新筑波→新古河	600	6,582	31.7%	0.0%	31.7%	31.7%	67.9%	0%	4,494	8,669
新古河線	新古河→新坂戸	600	7,878	50.4%	0.0%	50.4%	53.4%	121.3%	0.20%	3,555	11,491
東群馬幹線	東群馬→西群馬	3,800	6,430	14.3%	0.0%	14.3%	14.3%	38.9%	0%	5,513	7,347
新赤城線	東群馬→新新田	6,200	6,582	11.6%	0.1%	11.7%	11.7%	38.9%	0%	5,828	7,335
新新田線	新新田→新岡部	700	6,582	27.6%	0.0%	27.6%	27.6%	49.2%	0%	4,764	8,399
新坂戸線	新新田→新坂戸	5,000	6,582	11.7%	0.1%	11.8%	11.8%	41.0%	0%	5,817	7,345
新岡部線	新岡部→新秩父	2,800	6,582	4.8%	0.4%	5.2%	5.2%	23.1%	0%	6,290	6,873
西群馬幹線	西群馬→新富士	4,800	6,582	12.0%	0.0%	12.0%	12.0%	29.5%	0%	5,793	7,369
新吾妻線	西群馬→新榛名	5,500	6,582	0.7%	1.1%	1.8%	1.8%	10.3%	0%	6,609	6,554
西上武幹線	西群馬→新所沢	4,700	6,582	1.0%	0.3%	1.3%	1.3%	15.2%	0%	6,537	6,626
新榛名線	新榛名→新秩父	5,400	6,582	2.9%	0.3%	3.2%	3.2%	14.7%	0%	6,414	6,749
新秦野線	新秦野→新富士	6,300	6,582	12.4%	0.0%	12.4%	12.4%	49.2%	0%	5,769	7,394
新多摩線	新多摩→新秦野	3,600	6,582	17.2%	0.0%	17.2%	17.2%	46.5%	0%	5,452	7,711
新秩父線	新秩父→新多摩	2,900	6,582	10.0%	0.1%	10.1%	10.1%	32.5%	0%	5,929	7,234
新所沢線	新所沢→新多摩	5,700	6,582	20.8%	0.0%	20.8%	20.8%	49.7%	0%	5,214	7,949
新豊洲線	新京葉→新豊洲	0	1,920	1.2%	46.0%	47.2%	64.4%	189.6%	10.41%	2,444	721

・275kV（51路線）

線路名	潮流方向 （変電所・開閉所）	電力会社が公表する空容量	年間最大運用容量	年間最大運用容量基準の利用率			運用容量実績基準の利用率	最大利用率	混雑率	運用容量実績基準の利用率	
				順方向	逆方向	双方向				順方向	逆方向
那珂線	那珂→新茂木	0	3,620	36.6%	0.2%	36.8%	36.8%	72.1%	0%	2,302	4,937
君津線	新木更津→房総	0	1,729	39.4%	0.0%	39.4%	39.4%	83.3%	0%	1,047	2,410
北千葉線	房総→新京葉	0	3,254	2.1%	10.6%	12.6%	12.6%	39.6%	0%	3,530	2,978
香取線	鹿島→新佐原	0	3,068	4.8%	0.7%	5.5%	5.5%	46.3%	0%	2,943	3,192
鹿島線	鹿島→新野田	0	3,066	45.6%	0.0%	45.6%	50.1%	122.1%	2.25%	1,444	4,241
東京東線	新京葉→新野田	0	743	20.8%	0.0%	20.8%	20.8%	84.8%	0%	588	898
東京北線	新野田→北東京	0	1,322	20.5%	2.6%	23.1%	26.9%	149.4%	1.95%	987	1,461
北葛飾線	新野田→北葛飾	0	3,620	46.3%	0.0%	46.3%	46.3%	91.5%	0%	1,945	5,294
河北線	新古河→北東京	1,200	3,458	30.5%	0.2%	30.7%	30.7%	90.9%	0%	2,411	4,502
東毛線	新新田→東毛	900	905	34.6%	0.0%	34.6%	34.7%	69.7%	0%	591	1,218
北熊谷線	新岡部→北熊谷	1,200	3,620	9.5%	0.0%	9.5%	9.5%	17.4%	0%	3,274	3,965
児玉線	新岡部→西毛	400	905	40.5%	0.0%	40.5%	40.5%	66.4%	0%	538	1,271
佐久間東幹中線(中)	新富士→北相模	0	590	34.0%	7.6%	41.6%	41.6%	115.3%	0.37%	434	746
青梅線	新飯能→青梅	1,000	2,715	23.2%	0.0%	23.2%	23.2%	44.2%	0%	2,085	3,344
東京西線	新多摩→西東京	900	3,068	14.0%	4.8%	18.9%	23.2%	110.9%	0.19%	2,354	2,919
港北線	港北→西東京	0	3,066	72.2%	0.0%	72.2%	79.2%	125.3%	1.87%	587	5,015
西北線	西東京→北多摩	900	1,729	41.6%	0.0%	41.6%	41.6%	94.3%	0%	1,009	2,448
東新宿線	北多摩→東新宿	900	632	25.2%	0.0%	25.2%	25.2%	120.3%	0.01%	473	791
新宿線	北多摩→新宿	900	876	34.3%	1.7%	36.0%	36.0%	95.4%	0%	591	1,161
新宿城南線	新宿→城南	900	831	15.3%	7.9%	23.2%	23.2%	72.3%	0%	769	893
西南多摩線	東東京→多摩	0	751	17.6%	0.0%	17.6%	17.6%	87.9%	0%	619	883
佐久間東幹線(里)	北相模→西東京	500	590	0.0%	26.4%	26.4%	26.4%	157.3%	6.75%	745	435
秦浜線	京浜→新秦野	0	3,068	30.0%	1.2%	31.2%	46.3%	180.8%	18.73%	1,455	3,219
京浜線	京浜→西東京	0	1,486	13.4%	1.0%	14.3%	14.3%	72.3%	0%	1,301	1,671
南川崎線	南川崎→京浜	0	1,890	43.1%	0.4%	43.5%	44.1%	136.0%	0.39%	1,041	2,657
南池上線	南川崎→池上	0	1,220	22.9%	0.0%	22.9%	22.9%	39.3%	0%	941	1,499
中沢線	新所沢→中東京	600	1,486	23.8%	0.0%	23.8%	23.8%	63.3%	0%	1,132	1,840
南狭山線	新所沢→南狭山	4,400	3,511	33.8%	0.0%	33.8%	33.8%	74.1%	0%	2,324	4,698
新座線	南狭山→新座	3,700	3,068	25.3%	0.0%	25.3%	25.3%	62.9%	0%	2,293	3,842
北武蔵野線	新座→練馬	900	732	11.8%	0.0%	11.8%	12.3%	77.9%	0%	120	293
城北線*	新座→豊島	(廃止)	1,089	3.3%	0.0%	3.4%	29.7%	61.5%	0%	773	1,405
水道橋線	練馬→水道橋	800	873	0.0%	17.5%	17.5%	17.5%	66.4%	0%	1,026	720
東新宿水道橋線	水道橋→東新宿	400	342	2.5%	0.0%	2.5%	2.5%	169.6%	0.02%	333	351
坂戸川越線	新坂戸→南川越	3,200	3,620	21.6%	0.0%	21.6%	21.6%	51.7%	0%	2,839	4,400
西南川越線	南川越→多摩	0	751	25.1%	1.7%	26.8%	26.8%	109.2%	0.51%	575	927
東京中線	新坂戸→北東京	700	1,810	33.2%	0.0%	33.2%	33.2%	63.0%	0%	1,209	2,410
北与野線	上尾→北与野	600	504	31.1%	0.0%	31.1%	31.1%	67.5%	0%	347	661
西越谷線	北東京→西越谷	1,000	905	30.1%	0.0%	30.1%	30.1%	65.3%	0%	632	1,177
春日部線	北東京→京北	1,100	1,729	10.0%	10.6%	20.6%	20.6%	90.3%	0%	1,739	1,718
豊島線	豊島→京北	0	924	64.0%	0.9%	64.9%	66.4%	181.8%	26.48%	305	1,471
東内幸町線	東内幸町→豊島	0	1,098	68.0%	0.0%	68.0%	69.5%	177.6%	2.70%	323	1,817
高輪線	高輪→東内幸町	0	1,098	76.4%	0.0%	76.4%	76.4%	177.6%	4.55%	259	1,937
上野線	北葛飾→上野	0	1,113	56.4%	0.0%	56.4%	56.4%	108.5%	0.11%	485	1,741
上野水道橋線	上野→水道橋	0	867	56.6%	0.0%	56.6%	56.6%	111.8%	0.37%	376	1,358
墨東線	北葛飾→永代橋	0	1,227	41.2%	0.0%	41.2%	41.2%	100.2%	0.02%	722	1,732
江東線	新京葉→江東	0	3,254	5.6%	14.1%	19.7%	19.7%	48.2%	0%	3,528	2,980
城南線	江東→城南	0	990	11.2%	7.5%	18.7%	18.7%	97.2%	0%	949	1,024
葛南世田谷線	葛南→世田谷	0	1,017	13.4%	15.2%	28.6%	28.6%	91.4%	0%	1,035	999
世田谷線	世田谷→荏田	0	1,179	0.9%	37.3%	38.2%	38.2%	106.0%	0.27%	1,608	749
豊洲内幸町線	新豊洲→東内幸町	0	651	26.2%	0.0%	26.2%	26.2%	149.0%	0.01%	480	822
豊洲永代橋線	新豊洲→永代橋	0	651	29.2%	0.0%	29.2%	29.2%	184.3%	0.08%	461	841

* 城北線は 2016 年 10 月 12 日に発生した火災事故により、供給支障ののち廃止。

●中部電力

・500kV（16路線）

線路名	潮流方向 （変電所・開閉所）	電力会社 が公表す る空容量	年間最 大運用 容量	年間最大運用容量基準 の利用率			運用容 量実績 基準の 利用率	最大 利用率	混雑率	実潮流に基づく 空容量の年間平均	
				順方向	逆方向	双方向				順方向	逆方向
三岐幹線	三重→岐阜	余裕あり	9,872	1.6%	1.6%	3.2%	3.2%	16.4%	0%	9,831	9,841
三重連絡線	三重→西部	余裕あり	3,784	9.0%	2.3%	11.4%	11.5%	44.9%	0%	3,495	4,002
西部幹線	西部→北部	余裕あり	3,784	3.7%	3.7%	7.4%	7.9%	39.4%	0%	3,489	3,494
愛岐幹線	岐阜→愛知	余裕あり	7,404	1.4%	2.8%	4.2%	4.2%	19.6%	0%	7,479	7,275
東部幹線	北部→東部	余裕あり	3,784	0.2%	20.5%	20.7%	20.8%	58.0%	0%	4,526	2,987
岐阜連絡線	岐阜→北部	余裕あり	3,784	4.4%	1.7%	6.1%	6.1%	32.7%	0%	3,681	3,882
越美幹線	岐阜→南福光	3,291	4,936	0.8%	0.1%	0.9%	1.0%	6.2%	0%	4,738	4809
豊根幹線	愛知→豊根	余裕あり	9,872	1.3%	3.3%	4.6%	4.7%	19.6%	0%	9,883	9,482
東栄幹線	東部→東栄	余裕あり	3,784	26.2%	0.0%	26.2%	26.3%	55.0%	0%	2,785	4,766
新三河幹線	東部→新三河	1,609	4,936	0.2%	10.6%	10.7%	10.8%	48.7%	0%	5,421	4,396
豊根連絡線	東栄→豊根	余裕あり	3,784	7.1%	1.1%	8.2%	8.2%	33.2%	0%	3,530	3,989
南信幹線	豊根→南信	763	4,936	0.2%	13.6%	13.7%	13.8%	34.4%	0%	5,570	4,248
信濃幹線	南信→信濃	788	3,784	0.2%	18.8%	19.0%	19.1%	41.9%	0%	4,483	3,072
駿遠幹線	東栄→駿遠	余裕あり	3,784	20.0%	0.0%	20.0%	20.2%	37.4%	0%	3,003	4,519
静岡幹線	豊根→静岡	余裕あり	9,872	7.1%	0.0%	7.1%	7.3%	16.1%	0%	8,932	10,326
静岡連絡線	静岡→駿遠	余裕あり	3,784	16.6%	0.0%	16.6%	16.6%	37.2%	0%	3,149	4,406

・275kV（61路線）

線路名	潮流方向 （変電所・開閉所）	電力会社が公表する空容量	年間最大運用容量	年間最大運用容量基準の利用率			運用容量実績基準の利用率	最大利用率	混雑率	実潮流に基づく空容量の年間平均	
				順方向	逆方向	双方向				順方向	逆方向
鈴鹿幹線	西部→鈴鹿	0	1,310	41.0%	0.0%	41.0%	41.6%	83.3%	0%	751	1,824
伊勢幹線	鈴鹿→伊勢	0	1,310	41.2%	0.0%	41.3%	41.9%	83.8%	0%	747	1,827
伊勢南勢線	伊勢→南勢	0	1,438	20.9%	0.0%	20.9%	20.9%	41.7%	0%	1,134	1,733
伊勢中勢線	伊勢→中勢	0	1,180	19.4%	0.5%	19.9%	21.1%	61.7%	0%	887	1,335
尾鷲伊勢線	伊勢→尾鷲三田	0	1,180	1.8%	0.7%	2.5%	2.7%	52.4%	0%	1,085	1,110
西部西名古屋線	西部→西名古屋	0	2,620	2.6%	8.1%	10.7%	11.2%	83.6%	0%	2,673	2,389
亀山西名古屋線	西名古屋→亀山	0	1,180	31.2%	0.0%	31.2%	32.9%	88.3%	0%	745	1,481
中勢亀山線	亀山→中勢	0	1,180	1.3%	0.4%	1.7%	1.8%	52.7%	0%	1,099	1,120
西部西尾張線	西部→西尾張	0	5,349	0.4%	16.6%	17.1%	17.4%	55.9%	0%	6,056	4,322
西名古屋西尾張線	西尾張→西名古屋	0	4,988	0.0%	33.2%	33.2%	34.4%	76.2%	0%	6,468	3,153
川越火力線	西名古屋→川越	0	5,160	0.0%	34.0%	34.0%	35.2%	61.5%	0%	6,729	3,218
西尾張海部線	西尾張→海部	0	2,620	7.5%	1.0%	8.5%	8.7%	38.3%	0%	2,392	2,730
海部名城線	海部→名城	0	1,280	9.7%	2.7%	12.4%	12.5%	80.0%	0%	1,083	1,261
名城松ヶ枝線	名城→松ヶ枝	0	1,280	0.0%	8.2%	8.2%	8.2%	88.2%	0%	1,381	1,170
西濃西部線	西部→西濃	0	2,620	25.9%	0.0%	25.9%	26.4%	53.9%	0%	1,886	3,245
北部西濃線	北部→西濃	1642	2,171	1.5%	0.0%	1.5%	1.5%	54.8%	0%	2,127	2,193
北部中濃線	北部→中濃	1642	2,158	23.5%	0.0%	23.5%	23.5%	72.9%	0%	1,643	2,657
中濃犬山線	中濃→犬山	1642	2,715	9.4%	0.6%	10.0%	10.5%	43.8%	0%	2,358	2,841
馬瀬北部線	北部→馬瀬一	0	1,023	30.7%	2.0%	32.7%	34.0%	80.7%	0%	690	1,277
高根馬瀬線	馬瀬→高根	0	1,023	32.3%	1.5%	33.8%	35.2%	74.8%	0%	669	1,299
高根中信線	高根→中信	0	1,357	14.5%	0.2%	14.7%	14.7%	45.4%	0%	1,125	1,513
信濃中信線	信濃→中信	0	1,679	16.5%	0.0%	16.5%	16.8%	50.7%	0%	1,368	1,924
信濃東信線	信濃→東信	0	4,072	0.0%	31.0%	31.0%	31.2%	47.3%	0%	5,306	2,779
東信新北信線	東信→新北信	0	3,440	0.0%	43.5%	43.5%	45.0%	62.7%	0%	4,824	1,829
佐久幹線	信濃→佐久	0	1,777	4.8%	0.0%	4.8%	4.9%	9.5%	0%	1,653	1,824
佐久間西幹里線	東部→電名	不明	2,181	0.0%	0.0%	0.0%	0.1%	14.6%	0%	1,809	1,811
愛知分岐線	愛知→電名	不明	2,715	10.2%	0.1%	10.3%	11.1%	45.6%	0%	2,253	2,800
犬山電名線	電名→犬山	514	2,620	20.0%	0.0%	20.0%	20.3%	83.4%	0%	2,023	3,070
電名瀬戸線	電名→瀬戸	514	3,066	0.0%	16.9%	16.9%	17.0%	55.4%	0%	3,570	2,534
愛知瀬戸線	愛知→瀬戸	514	4,072	2.8%	7.6%	10.3%	10.3%	45.1%	0%	4,252	3,862
瀬戸北豊田線	瀬戸→北豊田	0	3,400	0.3%	25.7%	26.0%	26.0%	94.9%	0%	4,263	2,533
東浦北豊田線	北豊田→東浦	0	5,349	0.0%	20.0%	20.0%	20.6%	62.7%	0%	6,274	4,131
東名古屋分岐線	東名古屋分岐→東名	0	1,740	0.2%	3.0%	3.3%	3.3%	58.7%	0%	1,788	1,692
知多火力東浦線	東浦→知多火力	0	3,936	0.1%	27.4%	27.4%	27.4%	80.3%	0%	5,012	2,853
東部北豊田線	東部→北豊田	0	3,070	0.2%	16.5%	16.7%	16.7%	35.4%	0%	3,544	2,538
北豊田梅森線	北豊田→梅森	0	2,136	0.3%	24.1%	24.4%	24.4%	60.3%	0%	2,630	1,611
梅森金山線	梅森→金山	0	1,040	0.5%	50.7%	51.2%	51.2%	138.2%	0.06%	1,558	515
金山松ヶ枝線	金山→松ヶ枝	0	1,040	0.3%	57.9%	58.2%	58.2%	101.3%	0.06%	1,639	441
南武平町松ヶ枝線	松ヶ枝→南武平町	0	1,040	0.0%	52.8%	52.9%	52.9%	126.2%	0.11%	1,587	488
下広井南武平町線	南武平町→下広井	0	1,180	0.0%	53.6%	53.6%	53.6%	84.3%	0%	1,813	547
東海下広井線	下広井→東海	0	1,480	0.0%	46.4%	46.4%	46.7%	96.8%	0%	2,157	785
東海松ヶ枝線	松ヶ枝→東海	0	1,480	0.0%	26.8%	26.8%	27.0%	56.8%	0%	1,868	1,074
知多第二東海線	東海→知多第二	0	1,357	0.6%	1.1%	1.7%	1.7%	93.2%	0%	1,360	1,347
佐久間西幹山線	東部→佐久間	不明	706	2.0%	16.5%	18.5%	19.9%	83.1%	0%	761	555
佐久間川根線	佐久間→川根	不明	706	2.7%	6.0%	8.7%	9.1%	60.2%	0%	681	634
東名古屋東部線	東部→東名古屋	0	2,038	0.3%	18.6%	19.0%	21.2%	117.9%	0.06%	2,208	1,464
知多火力線	東名古屋→知多火力	0	2,217	1.1%	12.1%	13.2%	13.4%	96.3%	0%	2,378	1,889
三河線	新三河→三河	0	3,022	31.0%	0.3%	31.3%	43.9%	85.5%	0%	1,248	3,100
額田三河線	三河→額田	0	2,442	0.0%	4.4%	4.4%	4.8%	105.1%	0.11%	1,913	1,700
東部額田線	東部→額田	0	1,680	0.1%	45.7%	45.8%	45.9%	136.5%	0.49%	2,440	908
額田幸田線	額田→幸田	0	3,360	0.0%	25.6%	25.6%	25.7%	98.1%	0%	4,201	2,483
幸田新三河線	新三河→幸田	0	3,454	0.0%	41.9%	41.9%	49.3%	109.0%	0.09%	4,394	1,500
幸田碧南線	幸田→碧南	0	3,650	0.0%	72.7%	72.8%	73.5%	103.9%	0.16%	6,269	962
湖西三河線	三河→湖西	0	2,587	9.7%	0.4%	10.1%	10.3%	43.5%	0%	2,311	2,791
田原湖西線	湖西→田原	0	2,587	3.8%	0.7%	4.5%	4.6%	49.8%	0%	2,472	2,632
三河遠江線	三河→遠江	0	1,370	28.2%	0.0%	28.2%	29.8%	61.1%	0%	904	1,677
遠江駿遠線	駿遠→遠江	808	1,370	8.6%	0.1%	8.7%	9.2%	72.8%	0%	1,082	1,316
浜岡駿遠線	駿遠→浜岡	1505	1,563	8.3%	0.0%	8.3%	9.4%	27.7%	0%	1,252	1,511
浜岡新佐倉線	浜岡→新佐倉	382	376	31.0%	0.1%	31.0%	31.1%	75.0%	0%	259	491
駿遠駿河線	駿遠→駿河	498〜524	2,715	13.3%	0.0%	13.3%	13.3%	31.9%	0%	2,351	3,069
駿河東清水線	駿河→東清水	0	1,221	18.6%	0.8%	19.4%	19.4%	37.8%	0%	1,003	1,439

●北陸電力

・500kV（4路線）

線路名	潮流方向 （変電所・開閉所）	電力会社が公表する空容量	年間最大運用容量	年間最大運用容量基準の利用率			運用容量実績基準の利用率	最大利用率	混雑率	実潮流に基づく空容量の年間平均	
				順方向	逆方向	双方向				順方向	逆方向
加賀幹線	越前→加賀	1,412	4,541	0.5%	3.2%	3.8%	3.8%	21.1%	0%	4,631	4,384
能登幹線	加賀→中能登	1,267	4,936	0.0%	7.4%	7.4%	7.4%	15.8%	0%	5,295	4,563
能越幹線	南福光→中能登	1,841	4,936	0.0%	5.0%	5.0%	5.1%	12.5%	0%	5,130	4,634
加賀福光線	加賀→南福光	1,593	4,936	0.0%	5.6%	5.6%	5.6%	13.8%	0%	5,201	4,653

・275kV（6路線）

線路名	潮流方向 （変電所・開閉所）	電力会社が公表する空容量	年間最大運用容量	年間最大運用容量基準の利用率			運用容量実績基準の利用率	最大利用率	混雑率	実潮流に基づく空容量の年間平均	
				順方向	逆方向	双方向				順方向	逆方向
加賀東金津線	加賀→東金津	392	1,040	2.9%	4.1%	7.0%	7.0%	29.7%	0%	1,045	1,020
東金津新福井線	東金津→新福井	331	1,040	0.5%	12.1%	12.7%	12.9%	51.3%	0%	1,149	908
越前線	越前→新福井	515	1,447	28.4%	0.0%	28.4%	28.6%	76.0%	0%	1,032	1,853
中央幹線*	加賀→城端	0	1,040	18.1%	5.0%	23.1%	75.3%	3990%	29.4%	282	555
新富山幹線*	城端→新富山	0	1,040	18.1%	5.0%	23.1%	75.3%	3990%	29.4%	282	555
南条越前線	越前→南条	0	1,357	0.2%	31.5%	31.6%	31.6%	69.6%	0%	1,782	932

* 4000%近くもの最大利用率の値は、広域機関公表データ（運用容量）の一時的な不具合によるものと推測される。

●関西電力

・500kV（23路線）

線路名	潮流方向 （変電所・開閉所）	電力会社が公表する空容量	年間最大運用容量	年間最大運用容量基準の利用率			運用容量実績基準の利用率	最大利用率	混雑率	実潮流に基づく空容量の年間平均	
				順方向	逆方向	双方向				順方向	逆方向
播磨線	北摂→西播	2,188	3,062	1.7%	25.5%	27.2%	27.2%	90.7%	0%	3,793	2,331
東播線	猪名川→北摂	1,613	3,290	0.1%	45.9%	46.0%	46.0%	93.3%	0%	4,799	1,781
丹波線	京北→猪名川	1,120	3,062	0.0%	49.9%	49.9%	49.9%	106.5%	0.04%	4,591	1,533
能勢線	西京都→能勢	790	3,062	0.0%	45.8%	45.9%	45.9%	101.8%	0.02%	4,464	1,660
北河内線	新生駒→西京都	2,714	3,290	3.2%	20.9%	24.1%	24.1%	83.5%	0%	3,872	2,708
南近江線	東近江→新生駒	2,898	3,290	0.7%	23.5%	24.2%	24.2%	80.5%	0%	4,041	2,539
山城北線	南京都→京北	1,725	3,062	0.0%	31.5%	31.5%	31.5%	72.2%	0%	4,027	2,097
山城東線	東近江→南京都	2,495	3,062	17.1%	0.3%	17.4%	17.4%	56.8%	0%	2,546	3,578
播磨中央線	能勢→山崎	1,874	3,290	0.0%	26.2%	26.2%	26.2%	61.3%	0%	4,153	2,427
播磨西線	山崎→西播	2,435	3,290	6.2%	13.0%	19.1%	19.1%	62.1%	0%	3,514	3,066
播磨北線	大河内→山崎	2,880	3,290	6.5%	11.3%	17.8%	17.8%	59.6%	0%	3,449	3,131
大河内線	新綾部→大河内	2,880	3,290	6.8%	11.3%	18.1%	18.1%	60.1%	0%	3,438	3,142
新綾部線	新綾部→能勢	1,650	3,290	36.9%	0.0%	36.9%	36.9%	94.0%	0%	2,077	4,503
若狭幹線（山）	嶺南→京北	2,458	3,062	0.2%	13.0%	13.2%	13.2%	45.3%	0%	3,456	2,668
北近江線	嶺南→東近江	3,180	3,290	2.8%	2.8%	5.7%	5.7%	28.0%	0%	3,290	3,290
若狭幹線（里）	京北→西京都	3,062	3,062	5.2%	0.0%	5.2%	5.2%	32.7%	0%	2,885	3,201
丹後幹線	新綾部→猪名川	1,402	3,062	20.0%	0.1%	20.0%	20.0%	57.3%	0%	2,451	3,672
南大和線	東大和→紀北	3,012	1,400	0.0%	73.9%	73.9%	81.8%	379.9%	0.21%	2,314	244
北大和線	新生駒→東大和	1,585	3,062	0.1%	33.4%	33.5%	33.6%	79.8%	0%	4,078	2,034
山城南支線	南京都→134T	3,290	3,290	0.0%	0.1%	0.1%	0.4%	42.1%	0%	3,301	3,279
信貴線	新生駒→信貴	2,967	4,200	11.3%	4.2%	15.5%	15.5%	75.0%	0%	3,896	4,490
北和泉線	信貴→金剛	2,590	3,062	30.4%	0.0%	30.4%	10.7%	58.3%	0%	2,673	3,315
南和泉線	金剛→紀の川	2,967	3,062	26.3%	0.0%	26.3%	9.3%	44.3%	0%	2,716	3,272

・275kV（27路線）

線路名	潮流方向 （変電所・開閉所）	電力会社が公表する空容量	年間最大運用容量	年間最大運用容量基準の利用率			運用容量実績基準の利用率	最大利用率	混雑率	実潮流に基づく空容量の年間平均	
				順方向	逆方向	双方向				順方向	逆方向
西播線	西播→姫路	574	702	14.5%	0.8%	15.3%	17.9%	96.1%	0%	521	714
北神線+西神支線	北摂→神戸	0	8,648	0.0%	17.3%	17.3%	18.0%	45.2%	0%	9,711	6,723
西神戸線	西神戸→新加古川	0	3,400	0.0%	48.1%	48.1%	51.4%	89.6%	0%	4,804	1,532
新加古川伊丹線	新加古川→伊丹	0	702	20.7%	0.1%	20.8%	24.2%	135.2%	0.04%	479	769
六甲線	西神戸→新神戸	0	2,416	26.0%	0.0%	26.0%	31.6%	101.0%	0.01%	1,322	2,580
宝塚線	猪名川→宝塚	0	2,296	2.8%	3.5%	6.3%	6.3%	76.0%	0%	2,143	2,114
伊丹線	宝塚→伊丹	0	1,575	24.8%	0.0%	24.8%	27.0%	62.9%	0%	989	1,770
新神戸線	宝塚→新神戸	0	1,208	2.0%	26.2%	28.2%	31.2%	94.6%	0%	1,361	777
西大阪線	能勢→西大阪	989	2,714	24.2%	0.0%	24.2%	24.2%	76.1%	0%	2,056	3,372
北大阪線	宝塚→北大阪	77	1,208	1.9%	0.2%	2.1%	2.5%	68.3%	0%	1,046	1,088
西京都線	西京都→淀川	0	2,296	18.8%	0.0%	18.8%	18.8%	48.5%	0%	1,864	2,728
淀川線	淀川→北大阪	1527	1,208	2.3%	7.8%	10.1%	12.3%	95.2%	0%	1,097	963
喜撰山線	南京都→喜撰山	648	1,357	33.2%	0.0%	33.2%	33.4%	76.8%	0%	899	1,800
湖南線	喜撰山→湖南	648	1,357	32.9%	0.0%	32.9%	33.0%	68.5%	0%	909	1,802
栗東線	湖南→栗東	0	574	18.2%	4.6%	22.9%	22.9%	76.0%	0%	496	652
甲賀線	南京都→甲賀	37	1,208	13.5%	2.8%	16.2%	18.1%	66.2%	0%	686	874
南京都線	南京都→枚方	1,770	2,714	9.4%	0.0%	9.5%	9.5%	39.9%	0%	2,444	2,955
東大阪線	枚方→東大阪	989	1,208	1.7%	7.9%	9.6%	10.5%	65.9%	0%	1,149	999
新生駒線	新生駒→宝塚	不明	2,000	0.0%	67.2%	67.2%	67.3%	108.0%	0.03%	3,334	648
東大阪新生駒線	新生駒→東大阪	2,511	2,714	38.5%	0.0%	38.5%	38.5%	86.9%	0%	1,669	3,759
泉南東大阪線1	109T→泉南	536	2,714	30.0%	0.9%	30.9%	34.0%	103.9%	0.08%	715	1,417
泉南東大阪線2	東大阪→泉南	不明	2,224	23.1%	0.5%	23.7%	25.4%	73.3%	0%	1,553	2,558
南大阪線	金剛→南大阪	267	2,714	1.9%	6.5%	8.4%	8.4%	33.6%	0%	2,831	2,582
湖東線	嶺南→湖東	1,096	1,148	34.8%	0.0%	34.8%	37.3%	60.5%	0%	679	1,477
北葛城線	金剛→北葛城	267	2,288	9.2%	0.0%	9.2%	9.2%	21.8%	0%	2,078	2,498
西大阪小曽根線	西大阪→小曽根	451～1,527	575	27.9%	0.0%	27.9%	27.9%	57.9%	0%	414	736
北豊中線	西大阪→下穂積	451～1,527	575	59.1%	0.0%	59.1%	59.1%	112.3%	3.05%	235	915

●中国電力

・500kV（3路線）

線路名	潮流方向 （変電所・開閉所）	電力会社が公表する空容量	年間最大運用容量	年間最大運用容量基準の利用率			運用容量実績基準の利用率	最大利用率	混雑率	実潮流に基づく空容量の年間平均	
				順方向	逆方向	双方向				順方向	逆方向
西島根幹線	新西広島→西島根	4,027	4,936	0.1%	5.0%	5.1%	10.4%	21.5%	0%	5,443	4,457
北松江幹線	北松江→日野	1,155	3,290	0.0%	3.6%	3.6%	11.0%	19.6%	0%	3,671	2,946
日野幹線	新岡山→日野	3,206	4,936	1.5%	1.2%	2.7%	4.0%	30.7%	0%	3,280	3,309

・220kV（17路線）

線路名	潮流方向 （変電所・開閉所）	電力会社が公表する空容量	年間最大運用容量	年間最大運用容量基準の利用率			運用容量実績基準の利用率	最大利用率	混雑率	実潮流に基づく空容量の年間平均	
				順方向	逆方向	双方向				順方向	逆方向
新山口連絡線	山口→新山口	0	1,232	2.6%	0.0%	2.7%	21.5%	51.2%	0%	993	1,519
山口幹線	山口→新徳山	0	394	0.2%	0.6%	0.8%	24.0%	81.3%	0%	409	318
南山口支線	山口幹線→南山口	0	488	0.8%	0.0%	0.8%	15.4%	30.3%	0%	437	587
東山口連絡線	新徳山→東山口	0	3,290	0.7%	4.0%	4.7%	15.5%	64.3%	0%	1,111	898
広島西幹線	上北→岩手	140	925	0.0%	2.9%	2.9%	31.3%	125.5%	0.2%	1,230	663
広島中央線	広島西→広島中央	140	1,232	7.9%	0.0%	7.9%	16.9%	43.2%	0%	475	669
作木支線	山陰幹線→作木	50	359	25.3%	0.5%	25.9%	30.2%	70.9%	0%	218	396
新広島連絡線	広島→新広島	140	1,211	0.0%	29.0%	29.0%	30.8%	105.7%	0.0%	1,493	792
黒瀬幹線	黒瀬→新広島	140	997	0.0%	22.4%	22.4%	29.6%	69.4%	0%	980	533
北尾道支線	広島東→北尾道	295	925	16.7%	0.1%	16.8%	21.9%	283.5%	0.0%	564	872
新岡山幹線	井原→新岡山	770	1,582	0.0%	50.8%	50.8%	54.0%	221.2%	1.0%	2,295	689
井原連絡線	井原→新岡山	760	1,549	0.0%	14.1%	14.1%	15.0%	81.4%	0%	1,678	1,243
笠岡幹線	笠岡→井原	245	1,143	0.1%	26.2%	26.3%	41.9%	108.8%	0.0%	1,015	418
岡山幹線	新倉敷→岡山	305	756	19.7%	0.1%	19.8%	36.8%	102.2%	0.0%	259	555
東岡山連絡線	岡山→東岡山	235	1,493	0.0%	16.0%	16.0%	29.7%	52.9%	0%	1,046	568
松江連絡線	松江→北松江	350	1,462	0.0%	15.7%	15.7%	28.8%	53.6%	0%	1,024	567
新鳥取連絡線	新鳥取→智頭	330	715	0.1%	10.1%	10.2%	13.9%	52.4%	0%	595	452

●四国電力

・500kV（4路線）

線路名	潮流方向	電力会社が公表する空容量	年間最大運用容量	年間最大運用容量基準の利用率			運用容量実績基準の利用率	最大利用率	混雑率	実潮流に基づく空容量の年間平均	
				順方向	逆方向	双方向				順方向	逆方向
四国中央中幹線	東予→川内	2010	3,290	0.0%	15.1%	15.1%	15.1%	25.5%	0%	3,788	2,792
四国中央東幹線	讃岐→東予	1860	3,290	0.0%	12.3%	12.3%	12.3%	31.6%	0%	3,696	2,884
阿波幹線	阿波→讃岐	1190	3,290	0.0%	19.0%	19.0%	19.0%	42.1%	0%	3,914	2,666
南阿波幹線	阿南→阿波	1190	3,290	0.0%	32.7%	32.7%	32.7%	59.5%	0%	4,365	2,215

・187kV（21路線）

線路名	潮流方向	電力会社が公表する空容量	年間最大運用容量	年間最大運用容量基準の利用率			運用容量実績基準の利用率	最大利用率	混雑率	実潮流に基づく空容量の年間平均	
				順方向	逆方向	双方向				順方向	逆方向
広見線	大洲→広見	580	638	13.7%	0.1%	13.8%	13.8%	32.3%	0%	551	725
大洲北・大洲南幹線	川内→大洲	400+400	1,914	7.5%	0.0%	7.5%	7.5%	17.0%	0%	1,770	2,058
松山幹線	川内→松山	320	808	33.9%	0.6%	34.5%	34.5%	59.9%	0%	538	1,078
松山西線	松山→北松山	300	404	0.0%	8.7%	8.8%	8.8%	34.2%	0%	439	369
松山東線	西条→北松山	90	453	0.0%	10.3%	10.3%	10.3%	22.5%	0%	500	406
北松山線	西条→北松山	310	224	0.0%	22.4%	22.4%	22.4%	47.3%	0%	274	174
川内幹線	西条→川内	460	790	6.3%	0.9%	7.2%	7.2%	28.4%	0%	747	833
西条線	東予→西条	490	948	5.3%	1.4%	6.7%	6.7%	38.6%	0%	909	983
本川線	本川→東予	230	760	8.8%	3.1%	12.0%	12.0%	77.9%	0%	716	804
高知幹線	本川→高知	490	808	6.2%	1.9%	8.1%	8.1%	34.4%	0%	773	843
新改高知線	高知→新改	190	404	0.9%	14.4%	15.3%	15.3%	52.7%	0%	458	350
新改幹線	新改→井川	70	300	10.7%	3.9%	14.6%	14.6%	64.3%	0%	279	321
三島西線	東予→三島	580	948	0.1%	7.8%	7.9%	7.9%	27.5%	0%	1,021	875
三島東線	井川→三島	130	307	0.1%	23.1%	23.2%	23.2%	62.5%	0%	377	237
吉野川線	井川→讃岐	120	404	3.9%	14.3%	18.2%	18.2%	86.6%	0%	446	362
香川線	香川→讃岐	60	448	6.3%	7.4%	13.7%	13.7%	77.9%	0%	453	443
麻線	讃岐→麻	800	808	28.3%	0.0%	28.3%	28.3%	53.7%	0%	580	1,036
高松線	讃岐→高松	1180	1,212	15.8%	0.0%	15.8%	15.8%	30.9%	0%	1,021	1,403
讃岐鳴門線	讃岐→鳴門	970	1,276	0.0%	9.9%	9.9%	9.9%	26.0%	0%	1,403	1,149
阿波鳴門線	阿波→鳴門	430	923	0.0%	22.3%	22.3%	22.3%	48.1%	0%	1,129	717
阿波国府線	阿波→国府	460	923	26.6%	0.1%	26.7%	26.7%	51.4%	0%	679	1,167

●九州電力

・500kV（11路線）

線路名	潮流方向	電力会社が公表する空容量	年間最大運用容量	年間最大運用容量基準の利用率			運用容量実績基準の利用率	最大利用率	混雑率	実潮流に基づく空容量の年間平均	
				順方向	逆方向	双方向				順方向	逆方向
北九州幹線	脊振→北九州	12,597	9,872	3.4%	0.2%	3.6%	3.6%	15.1%	0%	9,551	10,193
豊前北幹線	豊前→北九州	11,393	19,744	7.1%	0.0%	7.1%	14.3%	31.3%	0%	8,421	11,215
豊前西幹線	豊前→中央	12,897	6,582	2.1%	5.8%	7.8%	7.9%	28.2%	0%	6,778	6,296
東九州幹線	東九州→豊前	11,420	9,999	13.8%	0.0%	13.8%	13.8%	24.3%	0%	8,586	11,337
脊振幹線	脊振→中央	16,615	9,999	0.0%	3.2%	3.2%	3.2%	8.6%	0%	10,247	9,620
佐賀幹線	西九州→中央	4,669	11,136	5.1%	0.0%	5.1%	11.3%	30.5%	0%	4,567	5,700
玄海幹線 2L 南線	西九州→脊振	7,736	6,582	8.5%	0.0%	8.5%	8.5%	18.1%	0%	6,021	7,143
熊本幹線	熊本→中央	11,854	19,744	3.2%	0.4%	3.6%	7.2%	26.2%	0%	9,268	10,395
中九州幹線	中九州→熊本	11,547	9,872	9.5%	0.1%	9.5%	9.5%	29.7%	0%	8,943	10,801
南九州幹線	南九州→中九州	11,984	9,872	3.3%	1.3%	4.7%	4.7%	20.7%	0%	9,638	10,025
宮崎幹線	宮崎→南九州	12,886	9,872	0.0%	4.7%	4.8%	4.8%	18.4%	0%	10,296	9,367

・220kV（42路線）

線路名	潮流方向	電力会社が公表する空容量	年間最大運用容量	年間最大運用容量基準の利用率			運用容量実績基準の利用率	最大利用率	混雑率	実潮流に基づく空容量の年間平均	
				順方向	逆方向	双方向				順方向	逆方向
槻田線	槻田→北九州	1,410	2,896	22.6%	0.1%	22.7%	22.7%	56.2%	0%	2,244	3,548
西谷線	北九州→西谷	467+233	918	0.2%	15.9%	16.1%	16.1%	56.9%	0%	1,062	774
北九州豊前線	豊前→北九州	612	612	2.6%	1.6%	4.2%	4.2%	85.1%	0%	602	614
上津役線	北九州→上津役	1,194	1,224	0.0%	18.2%	18.2%	18.3%	45.1%	0%	1,443	998
西谷門司線	西谷→門司	440	608	0.0%	17.2%	17.2%	21.2%	62.8%	0%	631	422
苅田分岐線	苅田→西谷	370	612	13.8%	3.4%	17.2%	17.2%	40.5%	0%	547	675
到津線	到津→槻田	0	435	36.4%	2.2%	38.5%	38.5%	108.0%	0.3%	286	584
大分北線	西大分→豊前	267	612	71.9%	0.3%	72.2%	72.2%	123.7%	26.0%	174	1,050
大分南線	大分→西大分	376	1,224	45.3%	0.0%	45.3%	45.4%	103.6%	0.0%	659	1,769
東大分線	東大分→大分	1,496	1,448	30.6%	0.5%	31.1%	33.3%	109.8%	0.3%	972	1,844
山家線	中央→山家	1,396	2,448	0.0%	23.2%	23.2%	23.3%	63.7%	0%	3,009	1,874
筑豊線	中央→筑豊	1,528	1,952	0.2%	12.0%	12.1%	12.1%	23.9%	0%	2,183	1,721
山家東福岡線	山家→東福岡	1,684	2,470	15.6%	0.0%	15.6%	15.6%	37.9%	0%	2,085	2,855
東福岡住吉線	東福岡→住吉	855	855	0.0%	29.3%	29.3%	30.9%	71.9%	0%	1,072	571
唐津西九州線	西九州→唐津	690	1,836	0.0%	4.3%	4.3%	6.7%	16.5%	0%	1,263	1,105
武雄線	西九州→武雄	952	1,224	0.3%	22.9%	23.2%	23.3%	82.2%	0%	1,498	943
松島火力線北線	東佐世保→西九州	2,120	2,172	2.9%	3.5%	6.4%	6.7%	54.0%	0%	2,154	2,131
長崎幹線	武雄→長崎	838	1,224	0.0%	6.8%	6.8%	6.8%	14.9%	0%	1,308	1,140
諫早分岐線	武雄→諫早	1,075	1,224	0.0%	21.7%	21.7%	21.7%	36.8%	0%	1,490	958
鳥栖木佐木線	木佐木→鳥栖	793	1,224	4.5%	4.0%	8.4%	8.4%	42.8%	0%	1,218	1,230
脊振鳥栖線	脊振→鳥栖	925	1,224	0.0%	31.3%	31.3%	31.3%	69.0%	0%	1,607	841
木佐木三池線	三池→木佐木	728	1,224	6.5%	3.2%	9.7%	10.4%	53.9%	0%	1,127	1,207
熊本南熊本線	南熊本→熊本	1,006	1,224	7.5%	0.3%	7.8%	7.8%	33.0%	0%	1,124	1,300
熊本日田線	熊本→日田	0	612	14.8%	0.0%	14.8%	15.0%	42.2%	0%	517	697
中九州南熊本線	中九州→南熊本	577	1,224	35.7%	0.0%	35.7%	35.7%	67.6%	0%	787	1,661
鹿児島北線	南九州→人吉	326	612	11.1%	1.2%	12.3%	12.5%	59.5%	0%	544	665
八代分岐線	中九州→八代	426	636	0.0%	11.7%	11.8%	11.8%	30.8%	0%	710	560
鹿児島南線	南九州→鹿児島	326	612	0.0%	34.8%	34.8%	34.8%	66.0%	0%	825	399
高野線	南九州→高野	2,177	2,472	0.0%	5.1%	5.1%	5.2%	18.0%	0%	2,556	2,306
霧島分岐線	南九州→霧島	2,239	2,472	0.0%	5.1%	5.1%	5.1%	16.1%	0%	2,593	2,344
都城線	高野→都城	1,477	1,952	0.0%	7.3%	7.3%	8.5%	27.7%	0%	1,930	1,648
大隅線	高野→大隅	1,800	2,172	0.2%	5.9%	6.1%	6.1%	13.4%	0%	2,296	2,048
南宮崎線	南宮崎→高野	1,700	1,952	0.0%	9.4%	9.4%	9.8%	24.9%	0%	2,087	1,721
海崎線	東九州→海崎	1,167	612	0.0%	8.1%	8.1%	8.2%	23.5%	0%	658	559
脊振西福岡線	脊振→西福岡	4,940	4,344	0.0%	9.1%	9.1%	9.3%	17.4%	0%	4,693	3,899
宮崎分岐線	南宮崎→宮崎	2,655	2,896	0.0%	10.9%	10.9%	10.9%	21.8%	0%	3,211	2,581
久留米分岐線	鳥栖→久留米	793	990	0.0%	10.2%	10.2%	10.2%	21.9%	0%	1,091	889
中央南福岡線	中央→南福岡	952	952	0.0%	24.5%	24.5%	24.5%	45.9%	0%	1,185	719
北佐賀木佐木線	北佐賀→木佐木	3,341	2,896	5.8%	0.1%	5.9%	5.9%	19.8%	0%	2,722	3,054
速見分岐線	西大分→速見	267	1,236	0.5%	4.2%	4.7%	4.7%	10.8%	0%	1,282	1,190
脊振伊都線	脊振→伊都	664	670	0.0%	13.9%	13.9%	13.9%	27.9%	0%	763	577
弓削分岐線	南熊本→弓削	1,384	1,470	0.0%	9.4%	9.4%	9.4%	16.3%	0%	1,608	1,332

●沖縄電力

・132kV（15路線）

線路名	潮流方向	電力会社が公表する空容量	年間最大運用容量	年間最大運用容量基準の利用率			運用容量実績基準の利用率	最大利用率	混雑率	実潮流に基づく空容量の年間平均	
				順方向	逆方向	双方向				順方向	逆方向
西原幹線	西原→牧港第一	122	340	7.6%	0.0%	7.7%	7.7%	32.9%	0%	313	365
132kV 与那原幹線	西原→与那原	54	261	17.7%	0.0%	17.7%	33.3%	111.5%	0.5%	96	188
西友幹線	西原→友寄	不明	261	17.3%	0.0%	17.3%	32.4%	100.8%	0%	98	189
132kV 友寄幹線	与那原→友寄	54	261	17.6%	0.0%	17.6%	33.2%	110.8%	0.4%	96	188
渡口幹線	渡口→吉の浦火力	297	652	4.9%	1.9%	6.8%	6.8%	31.0%	0%	631	670
中頭幹線	具志川火力→渡口	223	930	13.0%	0.1%	13.1%	18.9%	51.2%	0%	527	767
沖縄幹線	栄野比→牧港第一	132	574	31.0%	0.0%	31.0%	32.1%	80.3%	0%	380	735
具志川火力線	具志川火力→栄野比	156	434	17.1%	0.2%	17.3%	17.4%	43.3%	0%	358	506
具志川幹線	石川→具志川火力	297	652	5.5%	0.3%	5.7%	5.8%	20.9%	0%	611	680
新栄野比幹線	石川火力→栄野比	125	652	39.1%	0.0%	39.1%	39.5%	135.9%	0.3%	394	904
石川幹線	石川→石川火力	60	474	33.9%	0.0%	34.0%	46.8%	82.8%	0%	183	505
金武幹線	金武火力→石川	188	1,036	18.8%	0.0%	18.8%	19.0%	45.9%	0%	828	1,216
大平幹線	牧港第一→北那覇	50	522	37.4%	0.0%	37.4%	37.7%	79.6%	0%	324	714
那覇幹線	北那覇→西那覇	123	412	18.6%	0.0%	18.6%	18.8%	40.8%	0%	333	486
吉の浦火力線	吉の浦火力→西原	146	652	33.6%	0.0%	33.6%	33.7%	62.9%	0.0%	430	868

注：

・「電力会社が公表する空容量」は各電力会社がウェブサイトで公表する値（2018年1月25日時点）。

・上記以外のデータは電力広域的運営推進機関のウェブサイトからダウンロードしたデータ（2017年12月25日時点）を元に筆者算出。

・各電力会社の路線名の並び順は、広域機関のダウンロードデータに記載されている送電線番号の順序に概ね順ずる。各電力会社ウェブサイトの空容量マッピングの送電線番号や並び順とは必ずしも一致しないので留意のこと。

・電力会社が公表する系統マッピングによる空容量の開示方法は非常に複雑でわかりづらいものも少なくなく、路線名が広域機関に記載するものと一致しない場合もあり、上記の表の厳密な正確性は保証できない可能性があることに留意のこと。

3.2 全国基幹送電線分析結果

●ヒストグラム

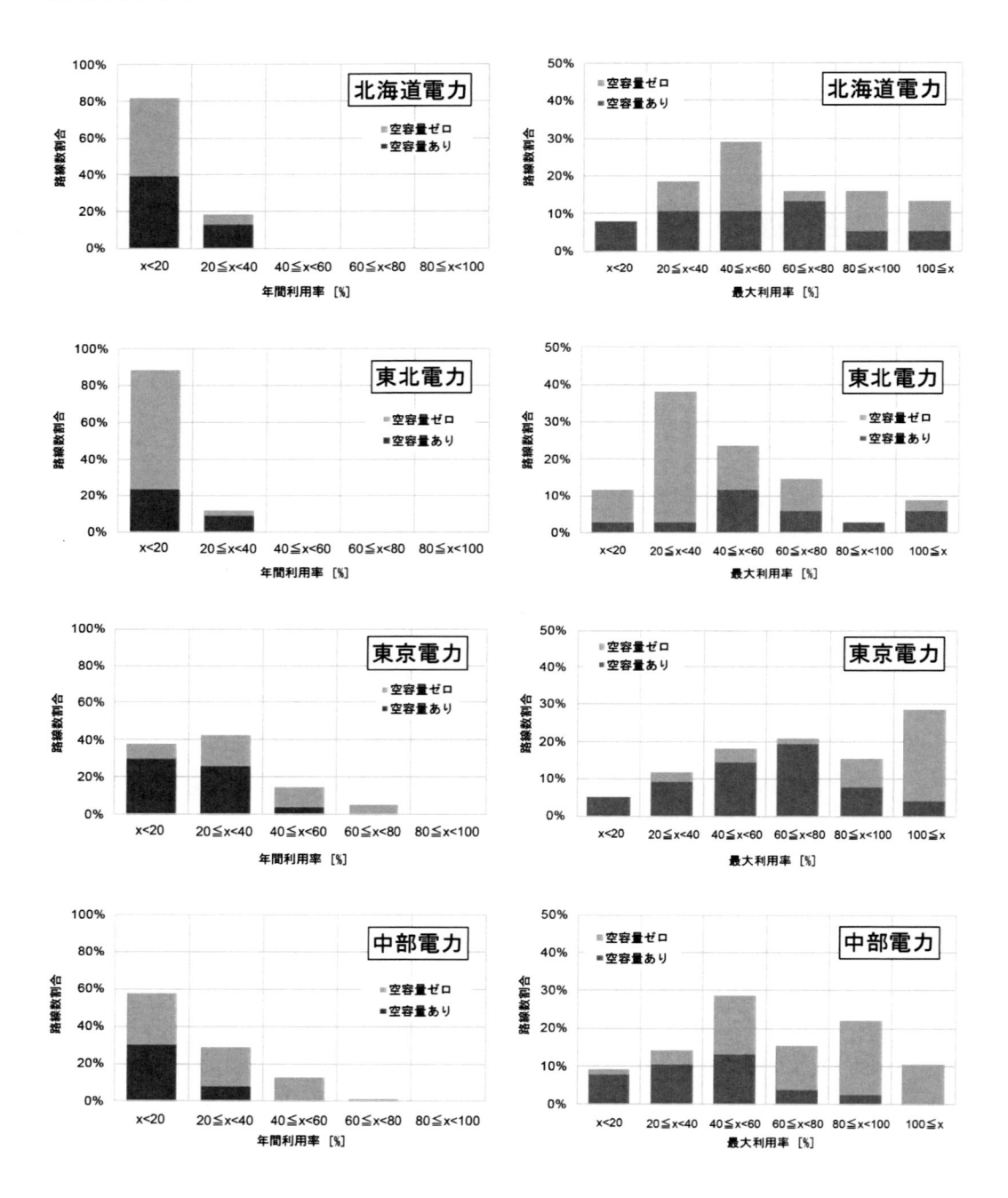

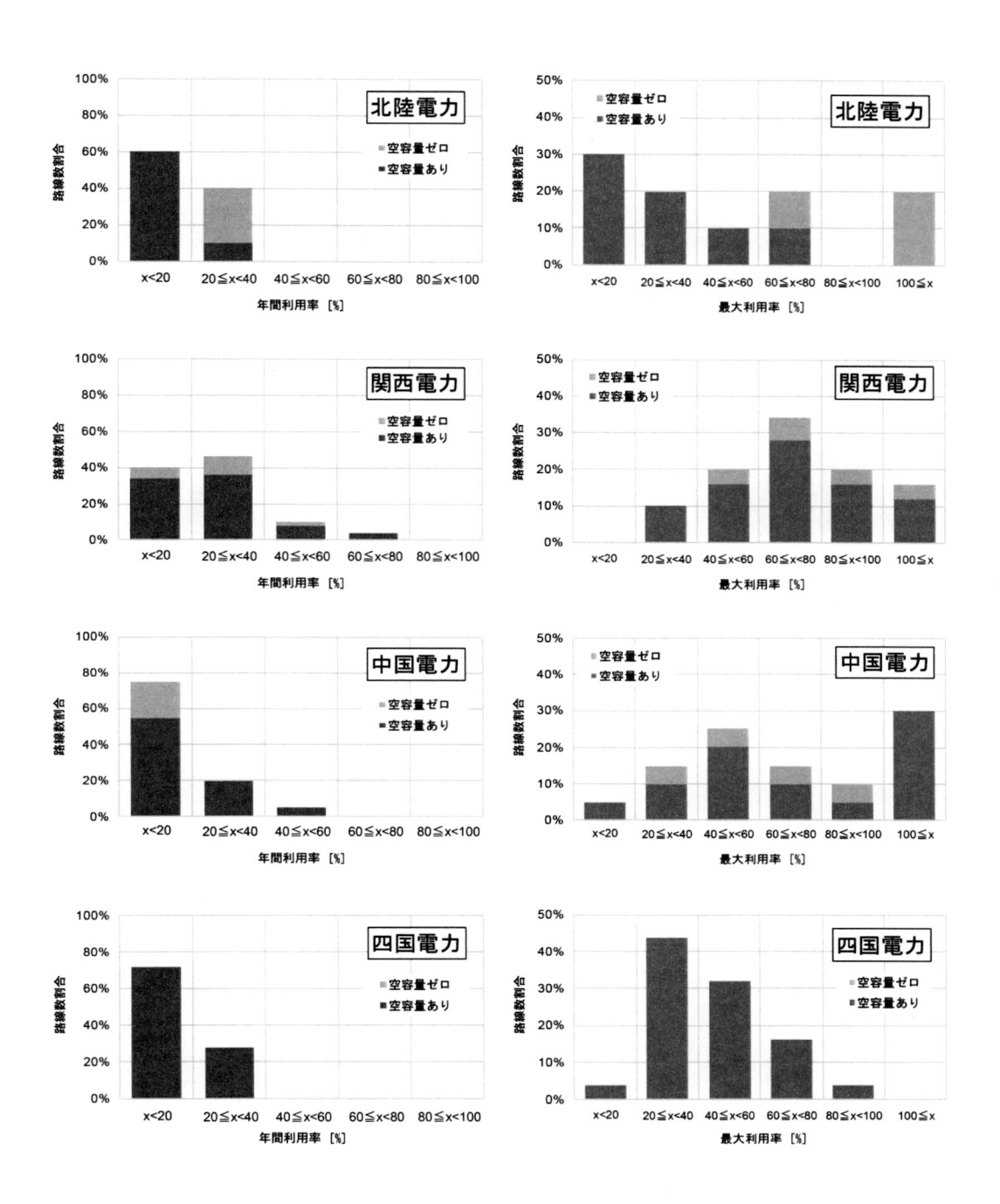

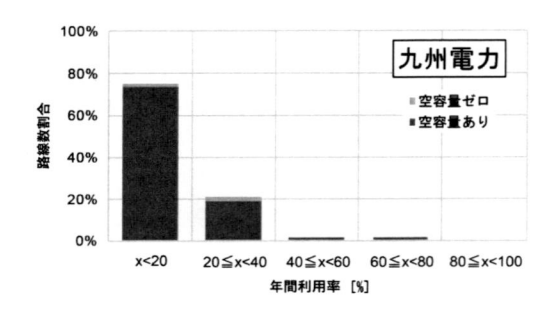

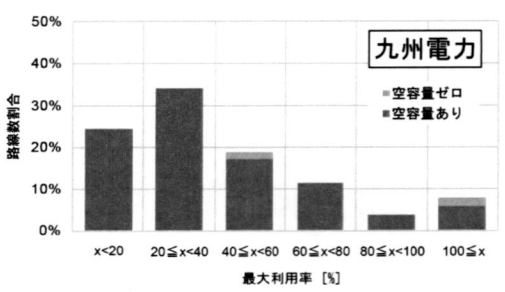

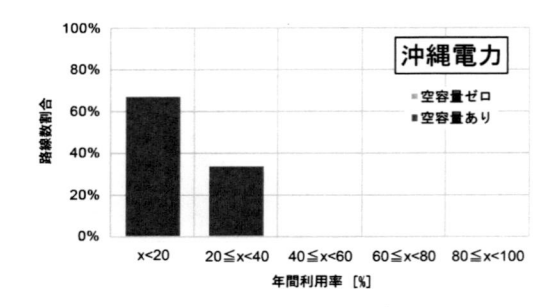

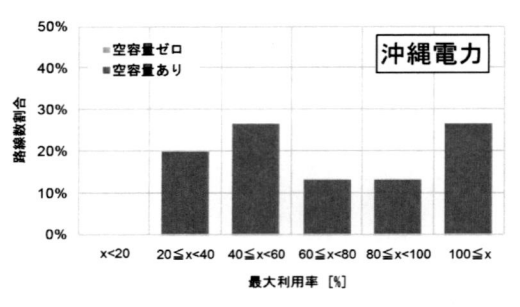

●相関図

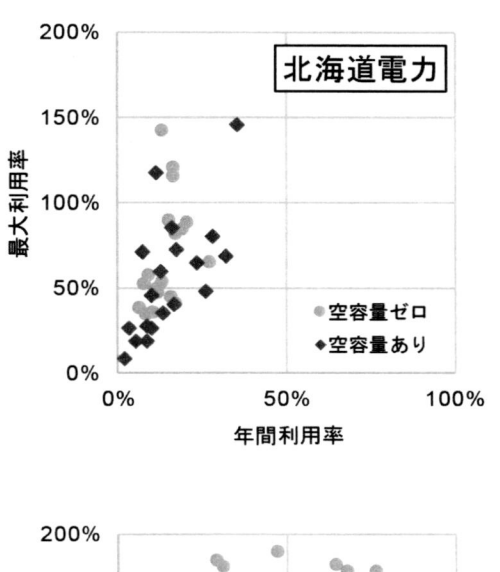

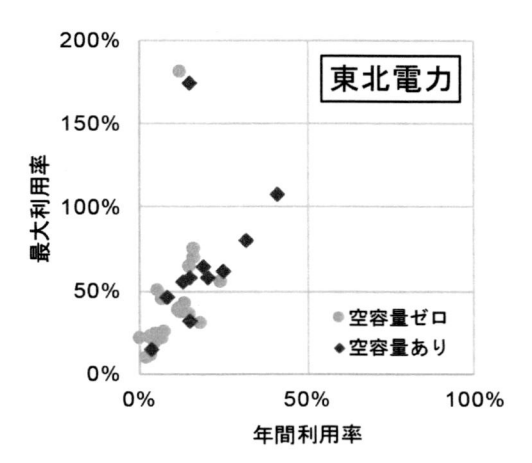

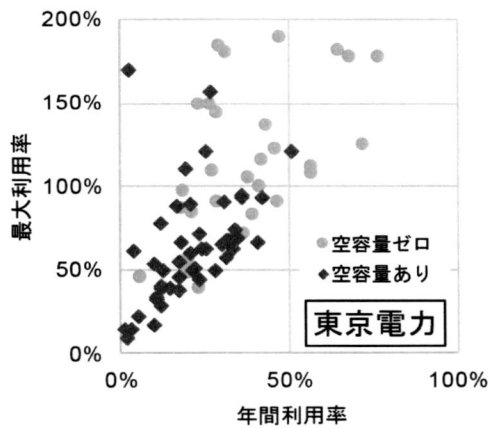

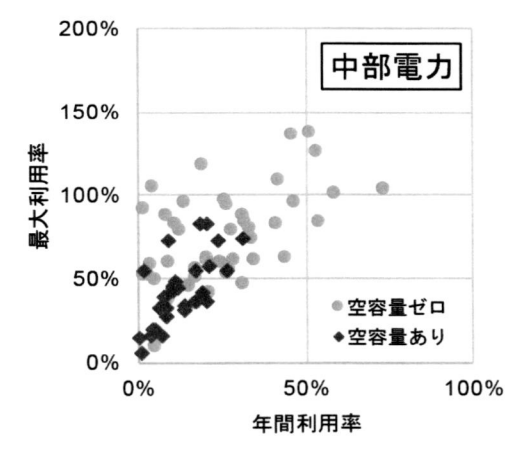

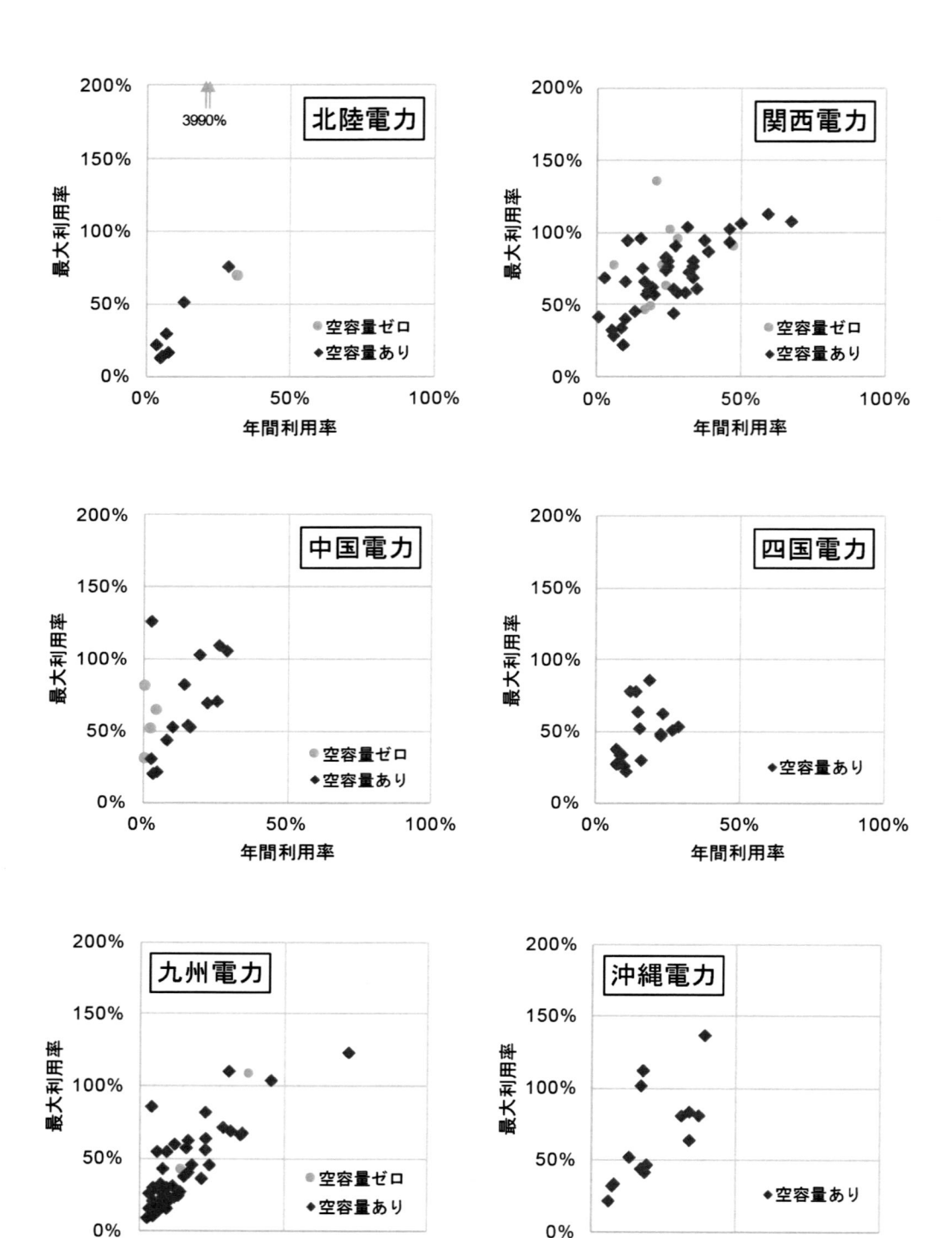

3.3　全国基幹送電線年間潮流波形一覧

●北海道電力（38路線）

・275kV（6路線）

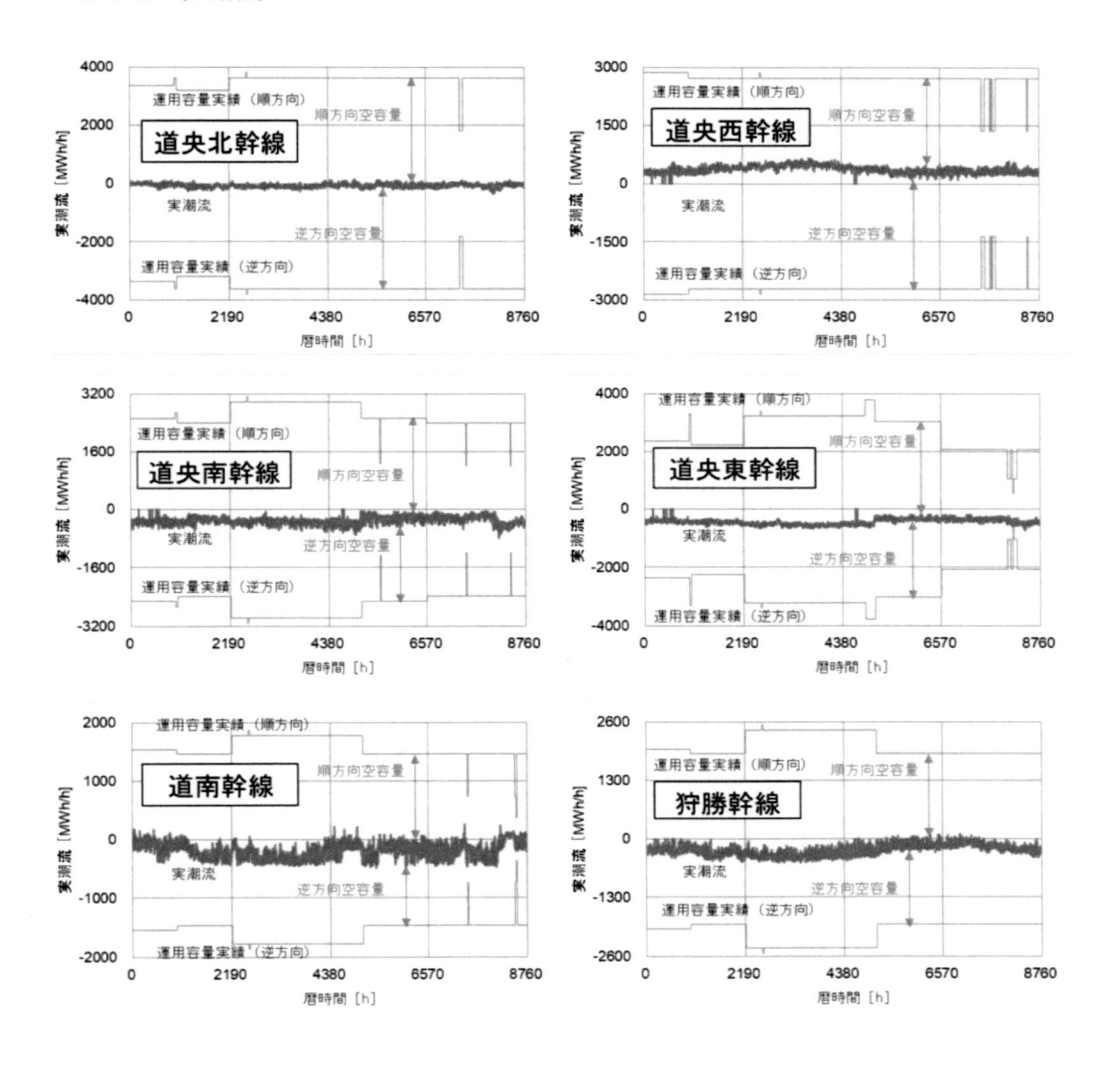

・187kV（32路線）

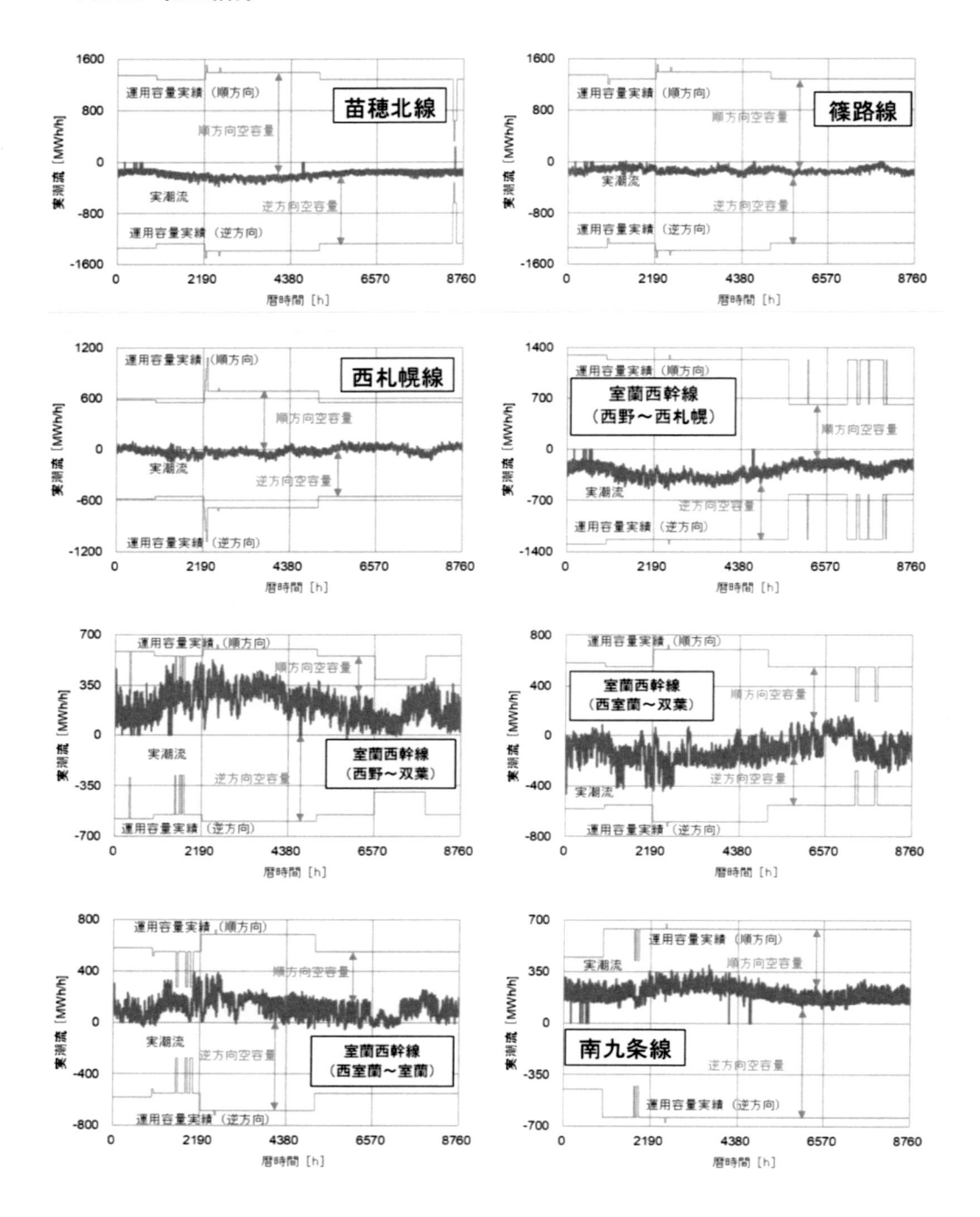

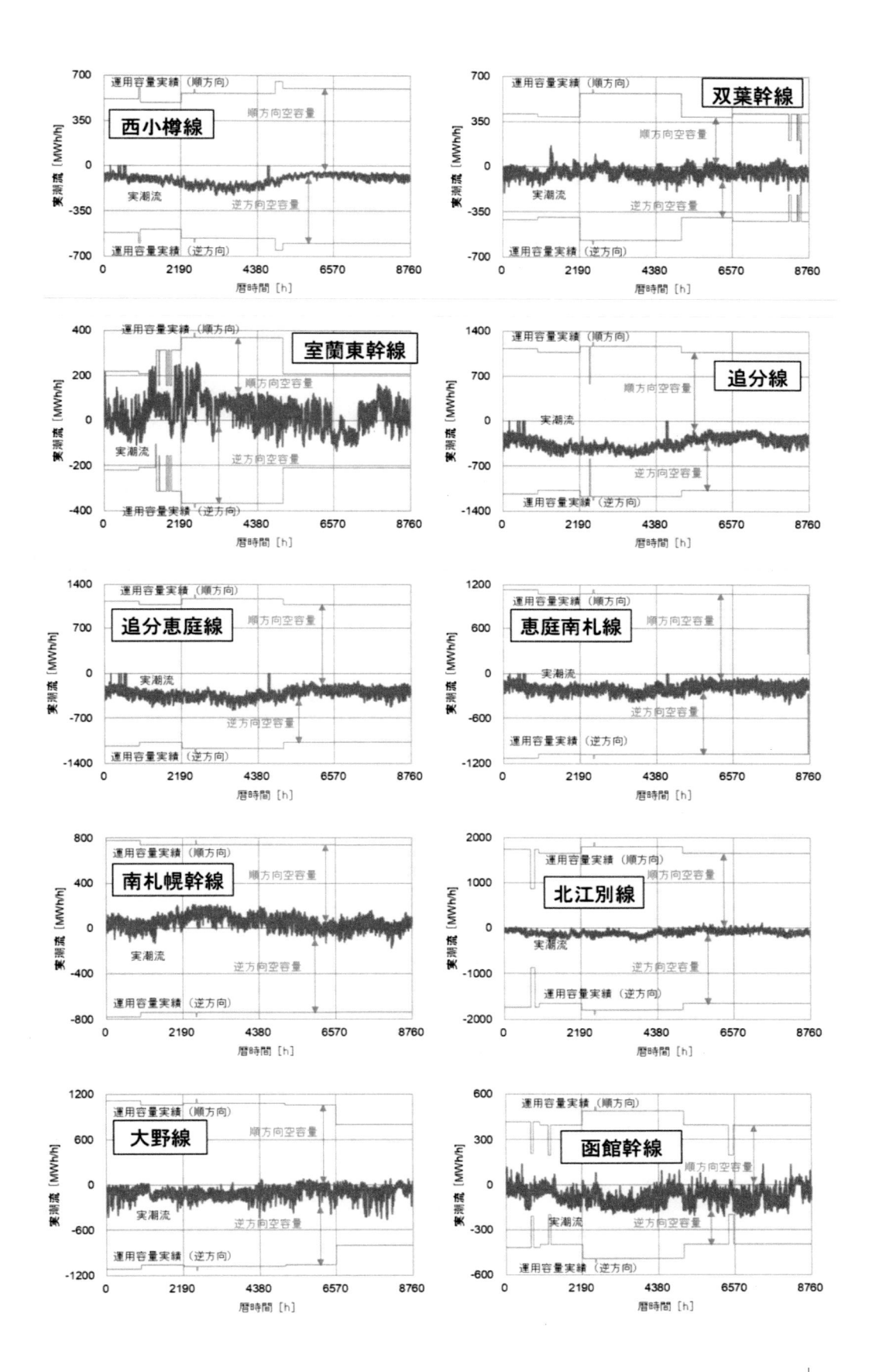

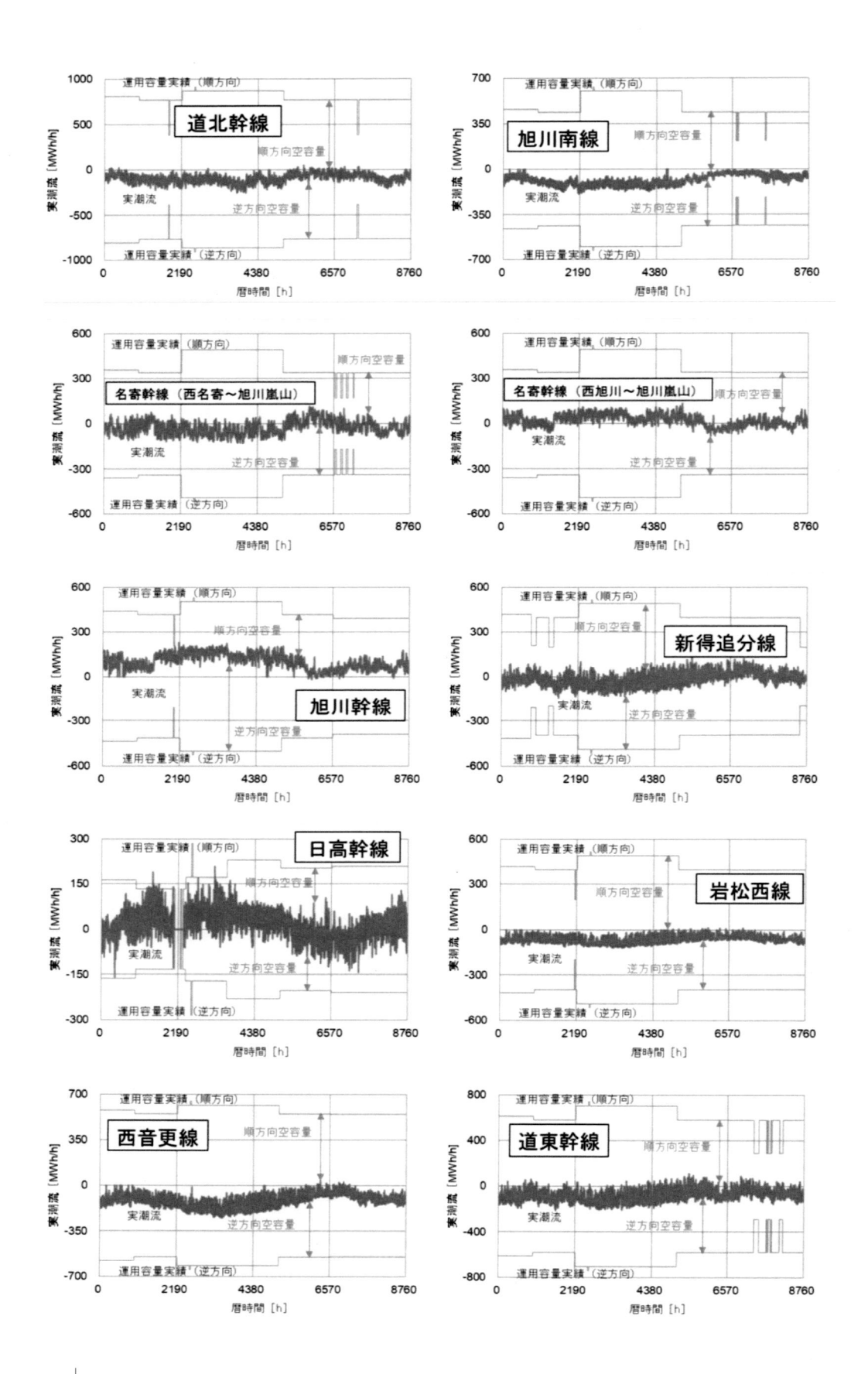

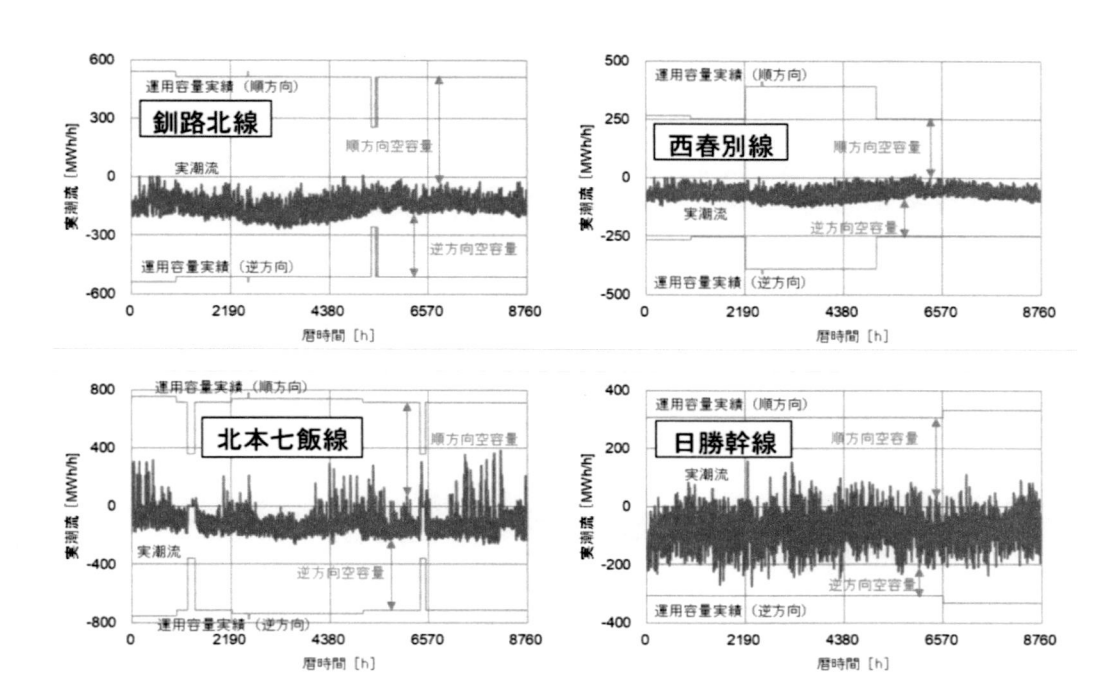

●東北電力（34路線）

・500kV（4路線）

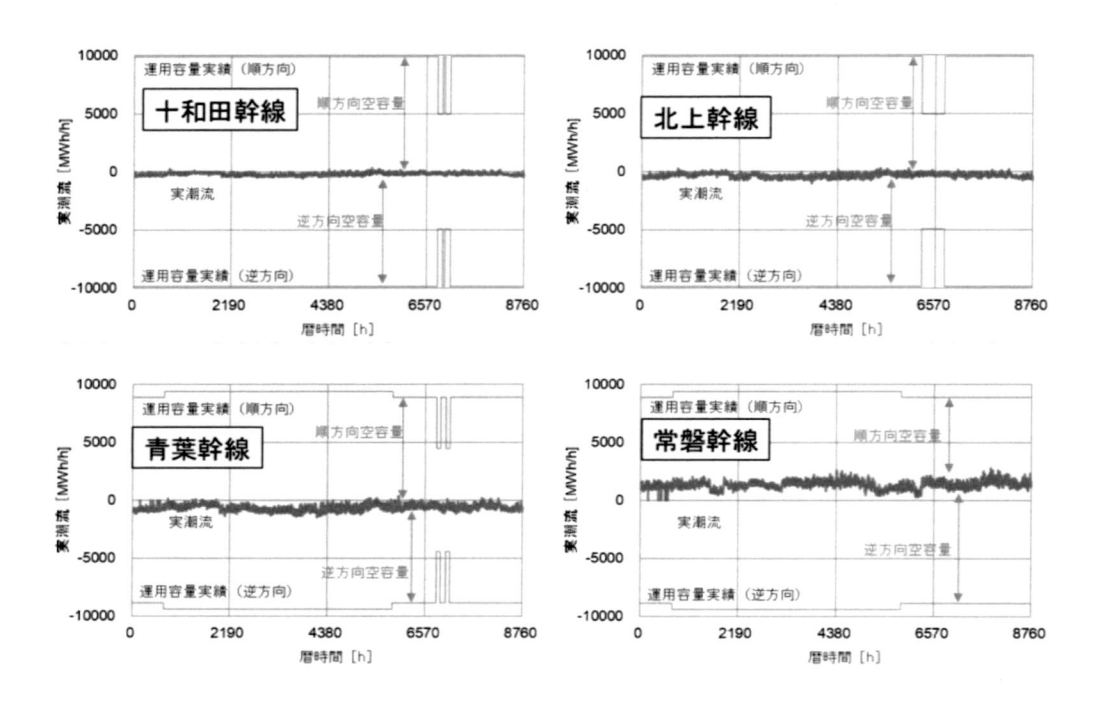

・275kV（30路線）

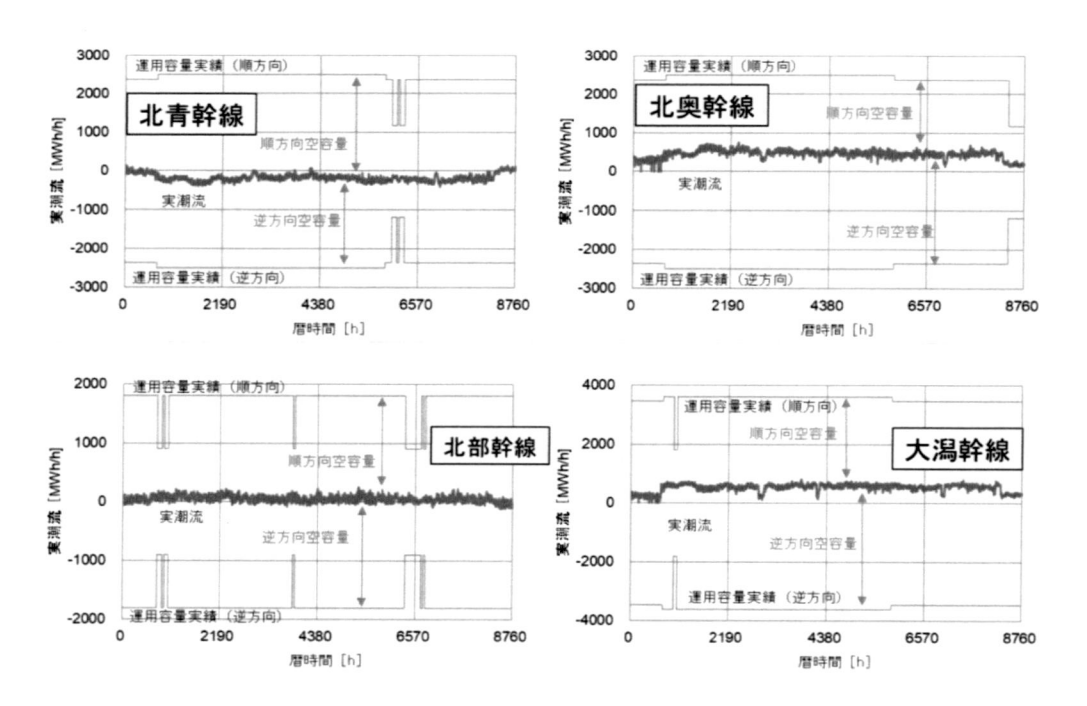

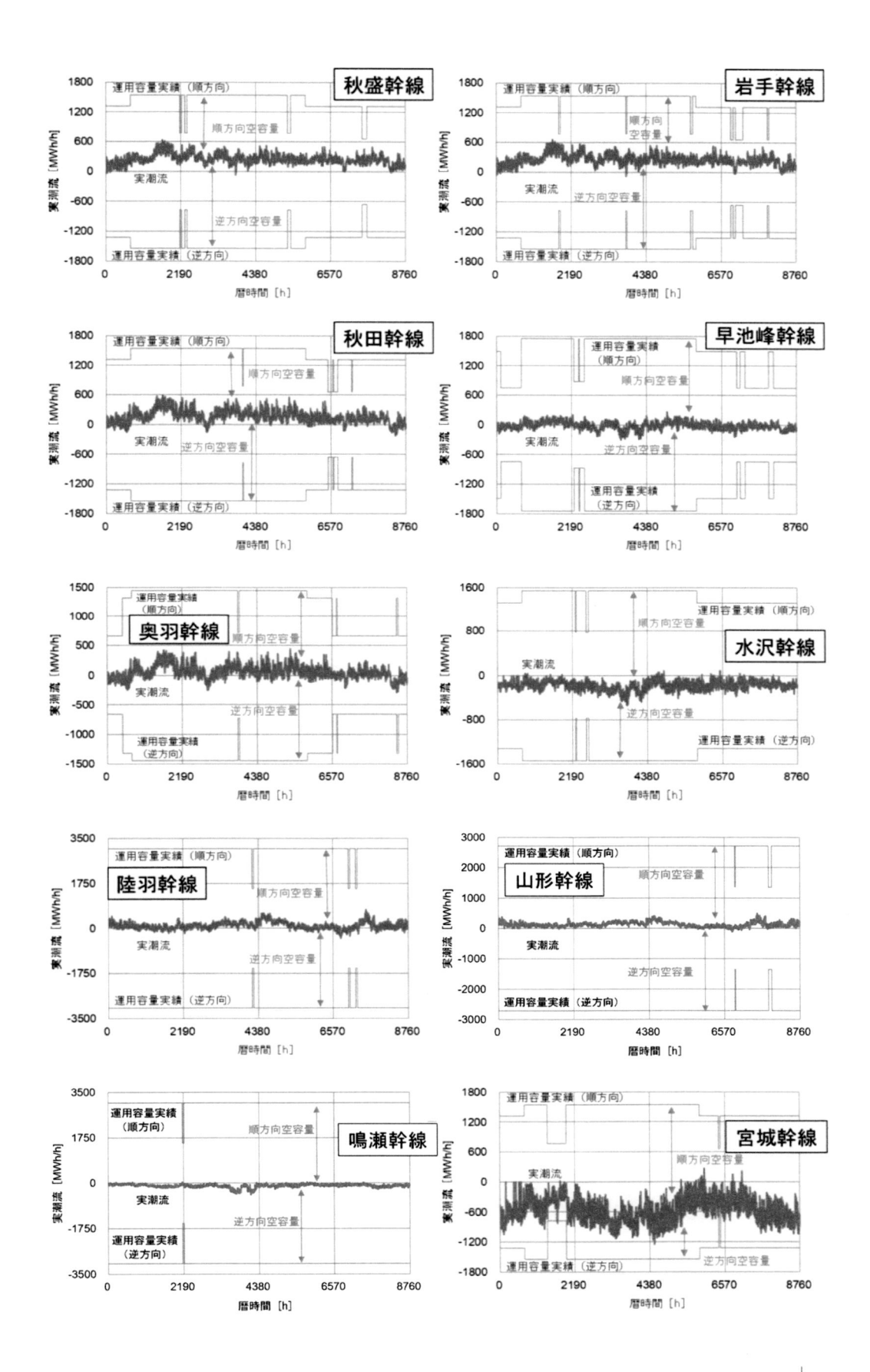

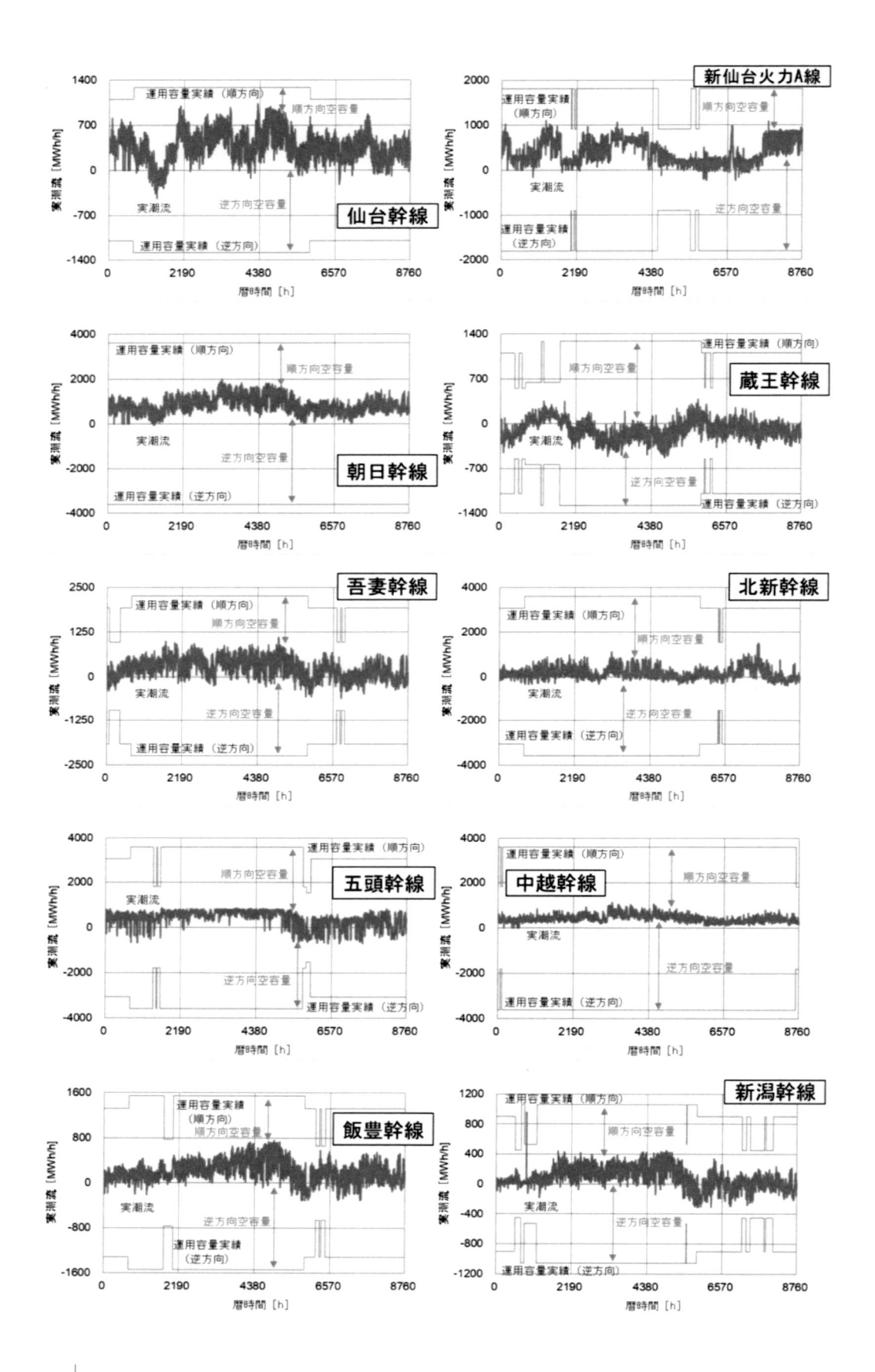

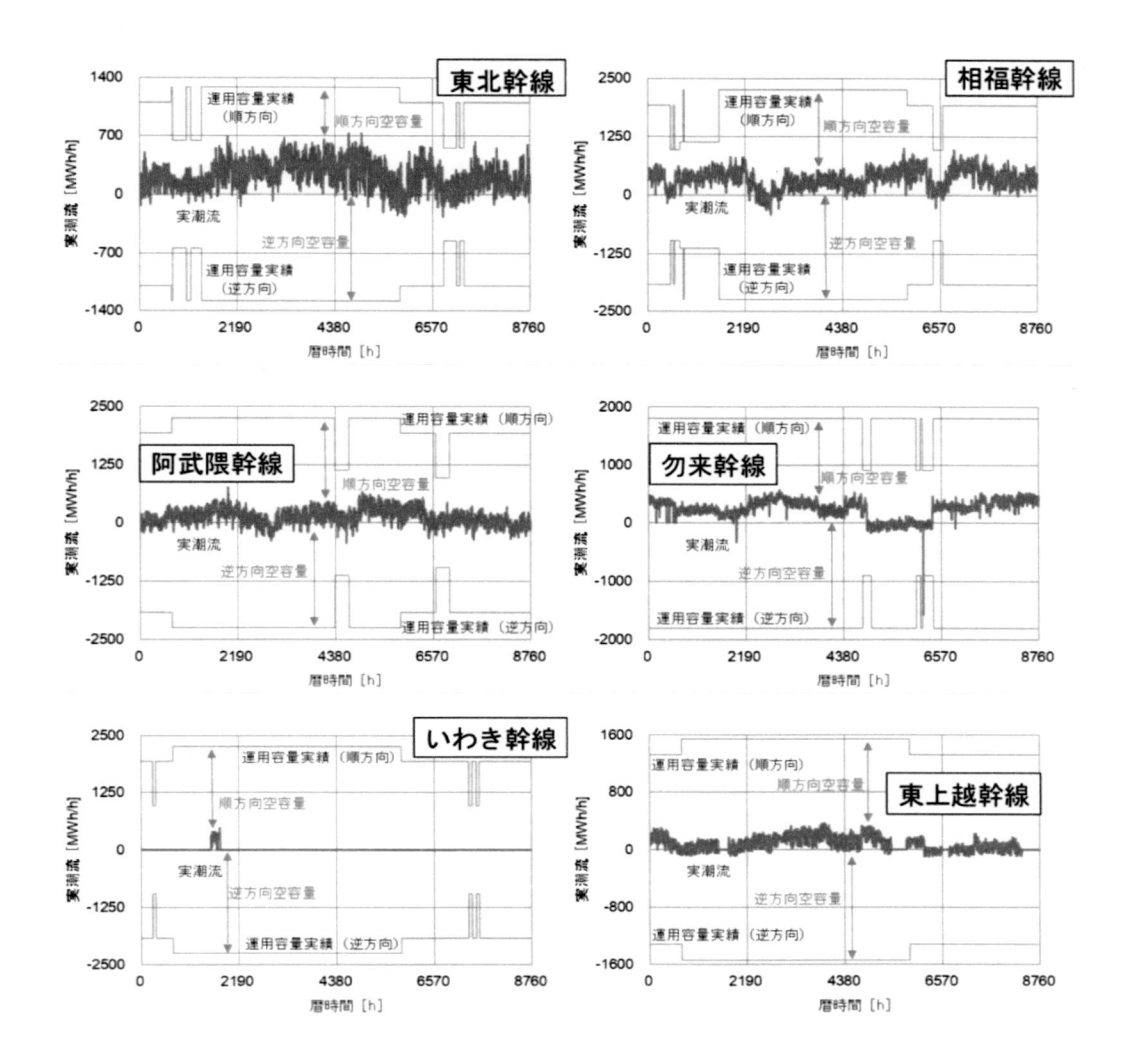

●東京電力（77路線）

・500kV（26路線）

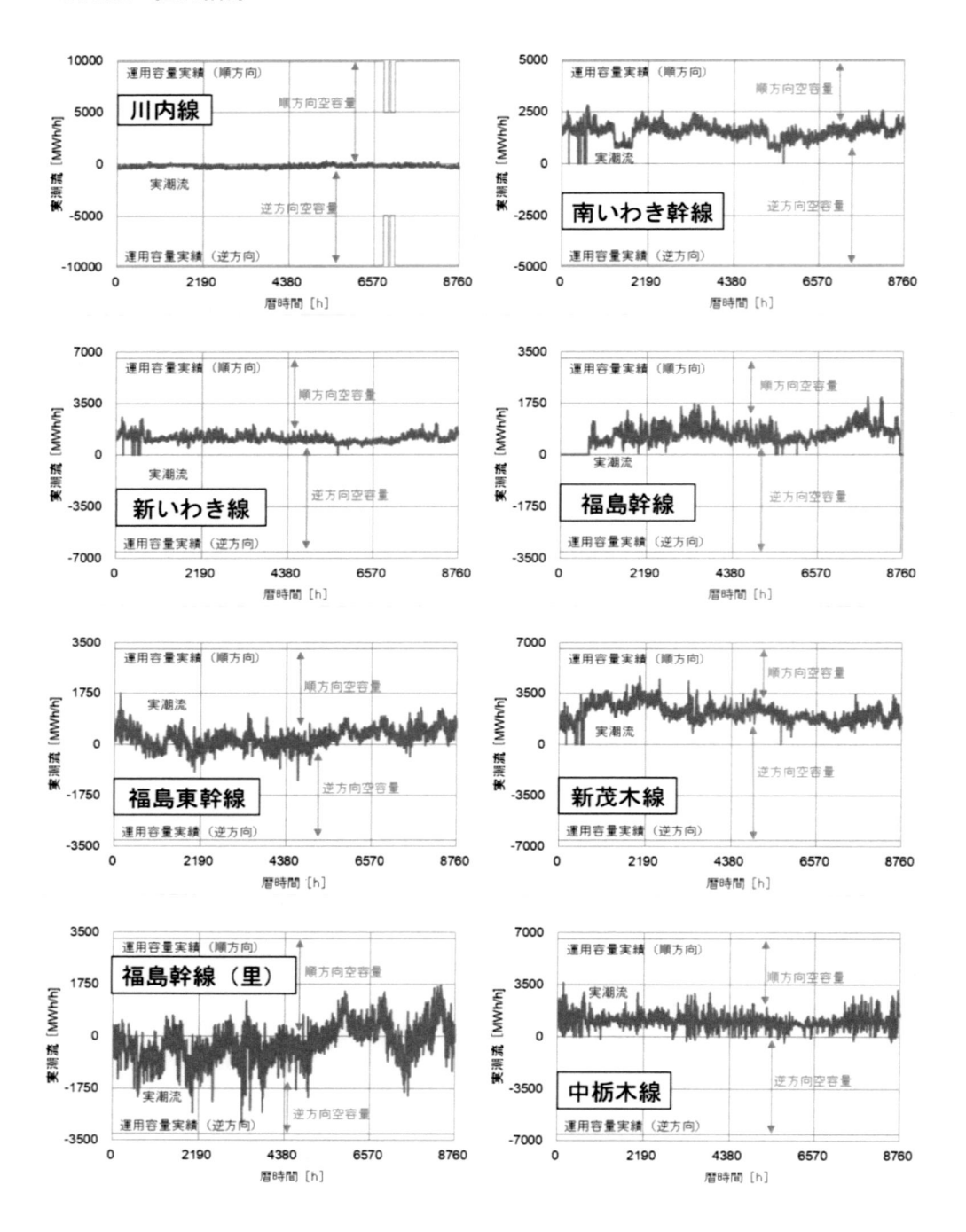

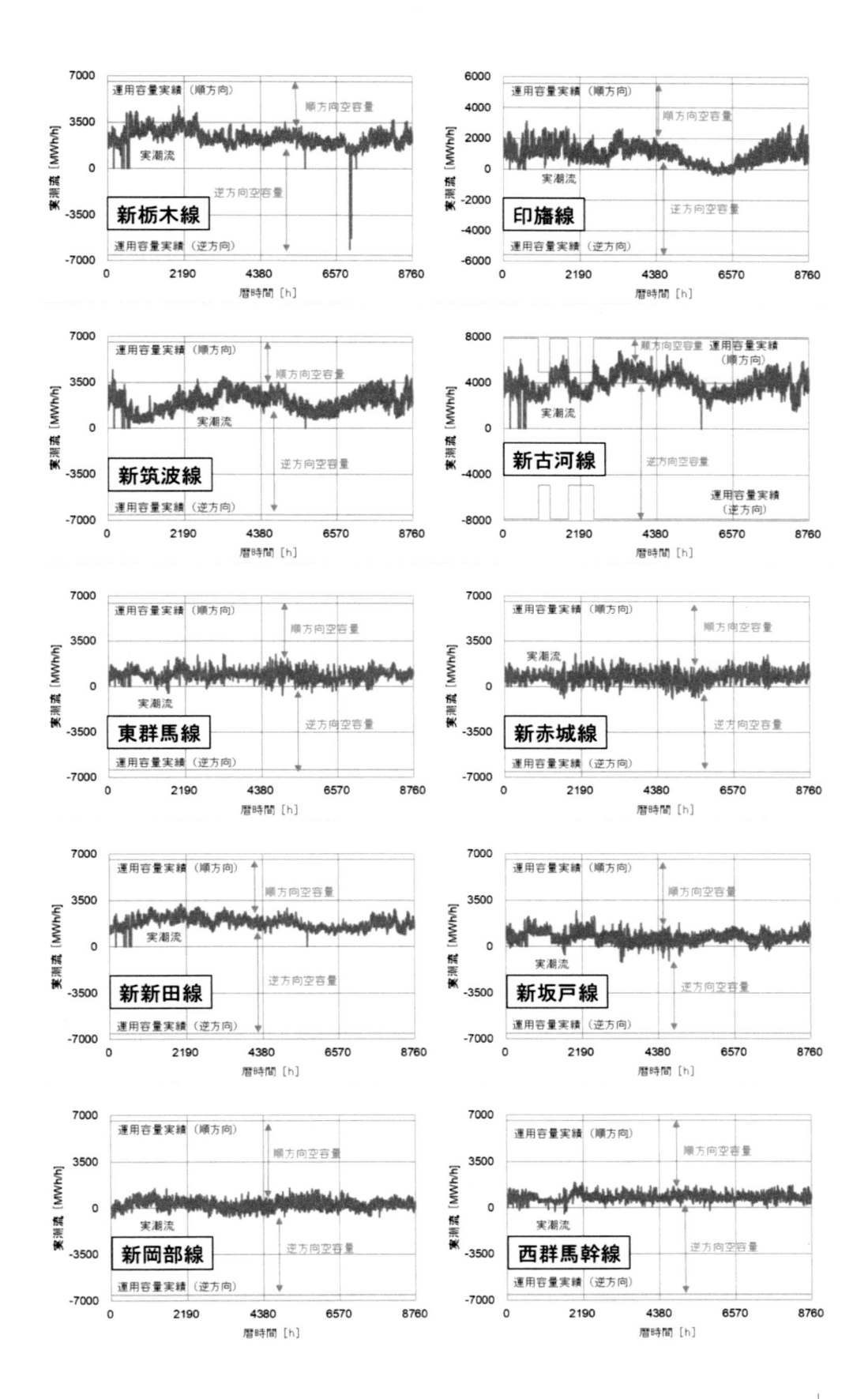

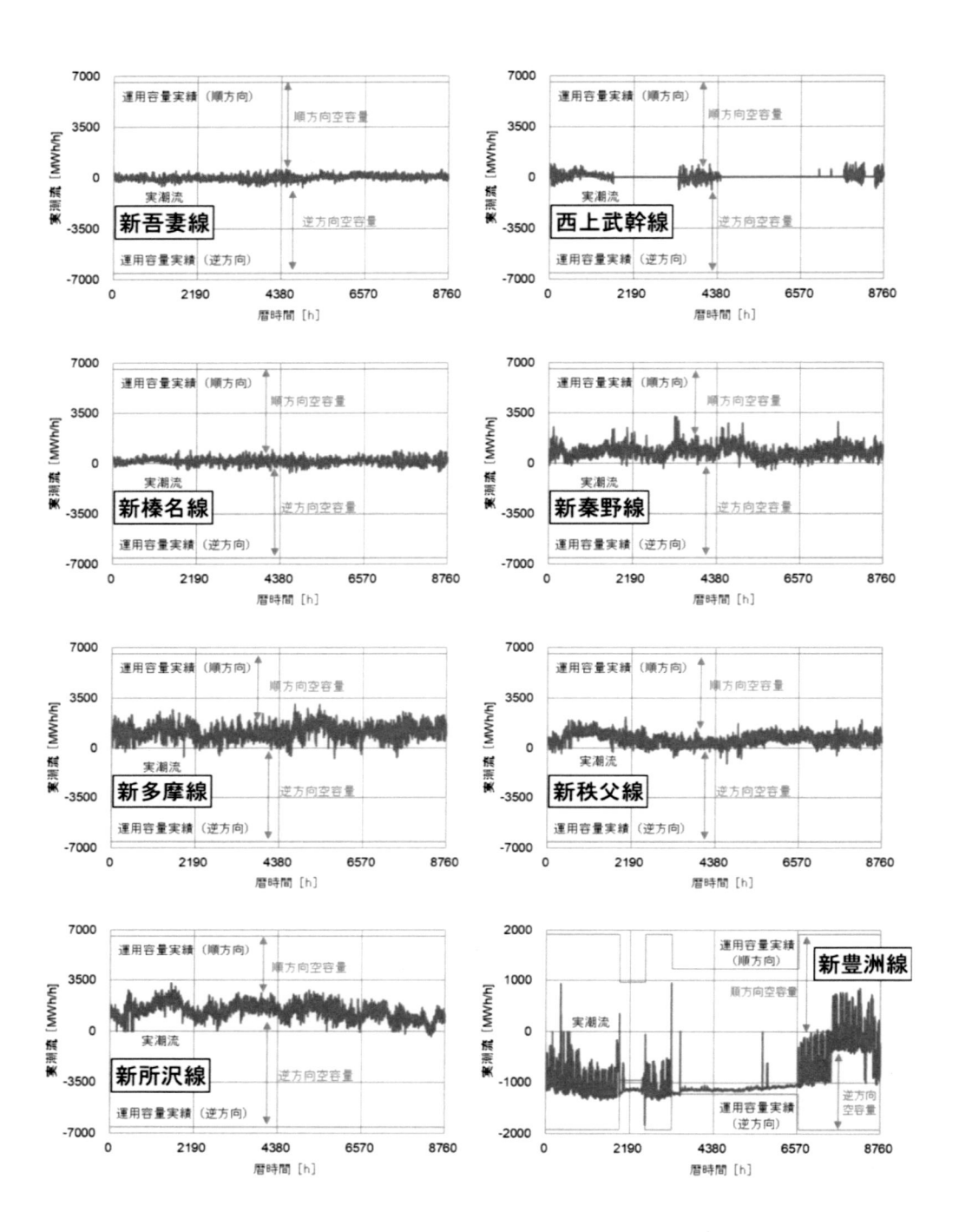

・257kV（51路線）

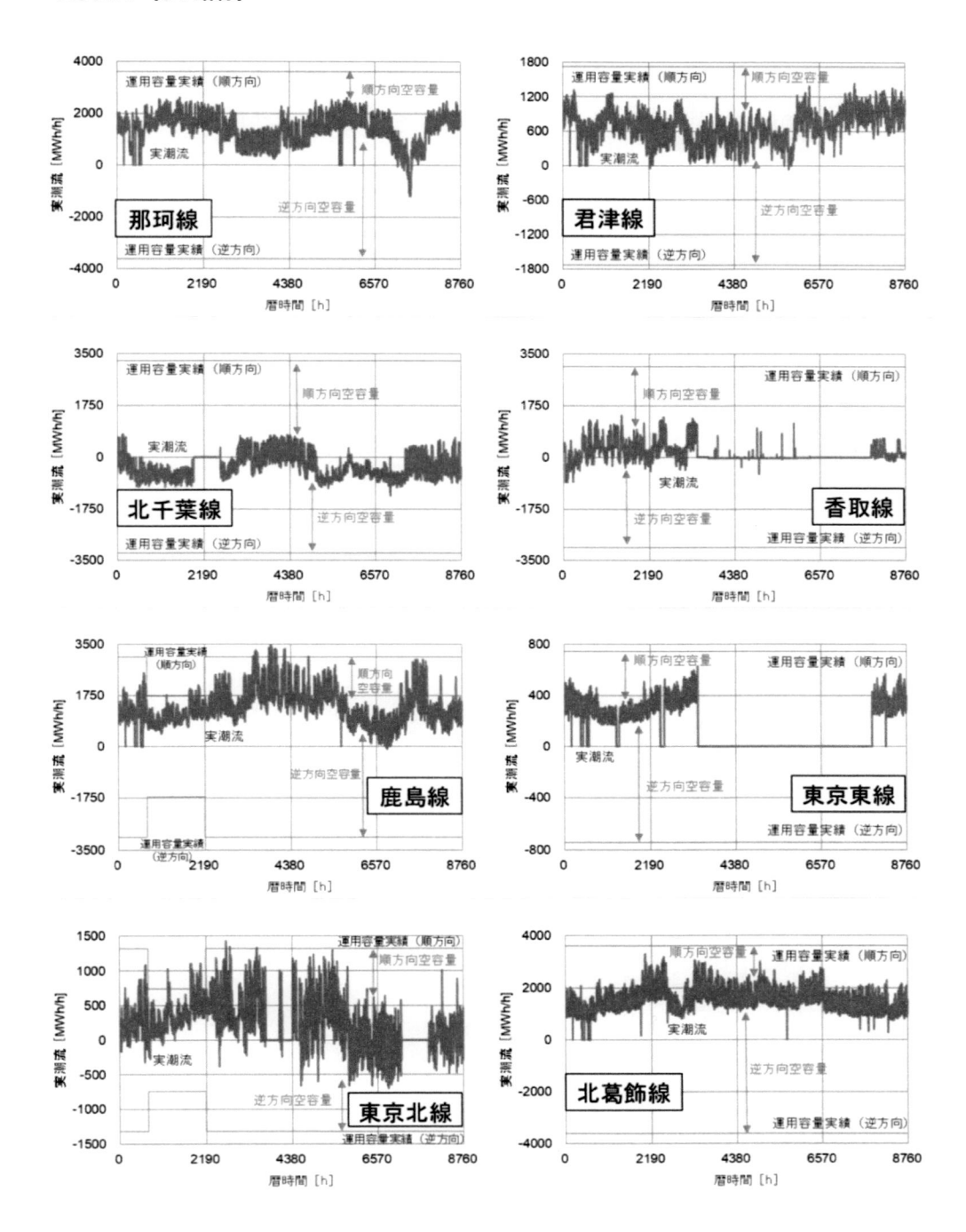

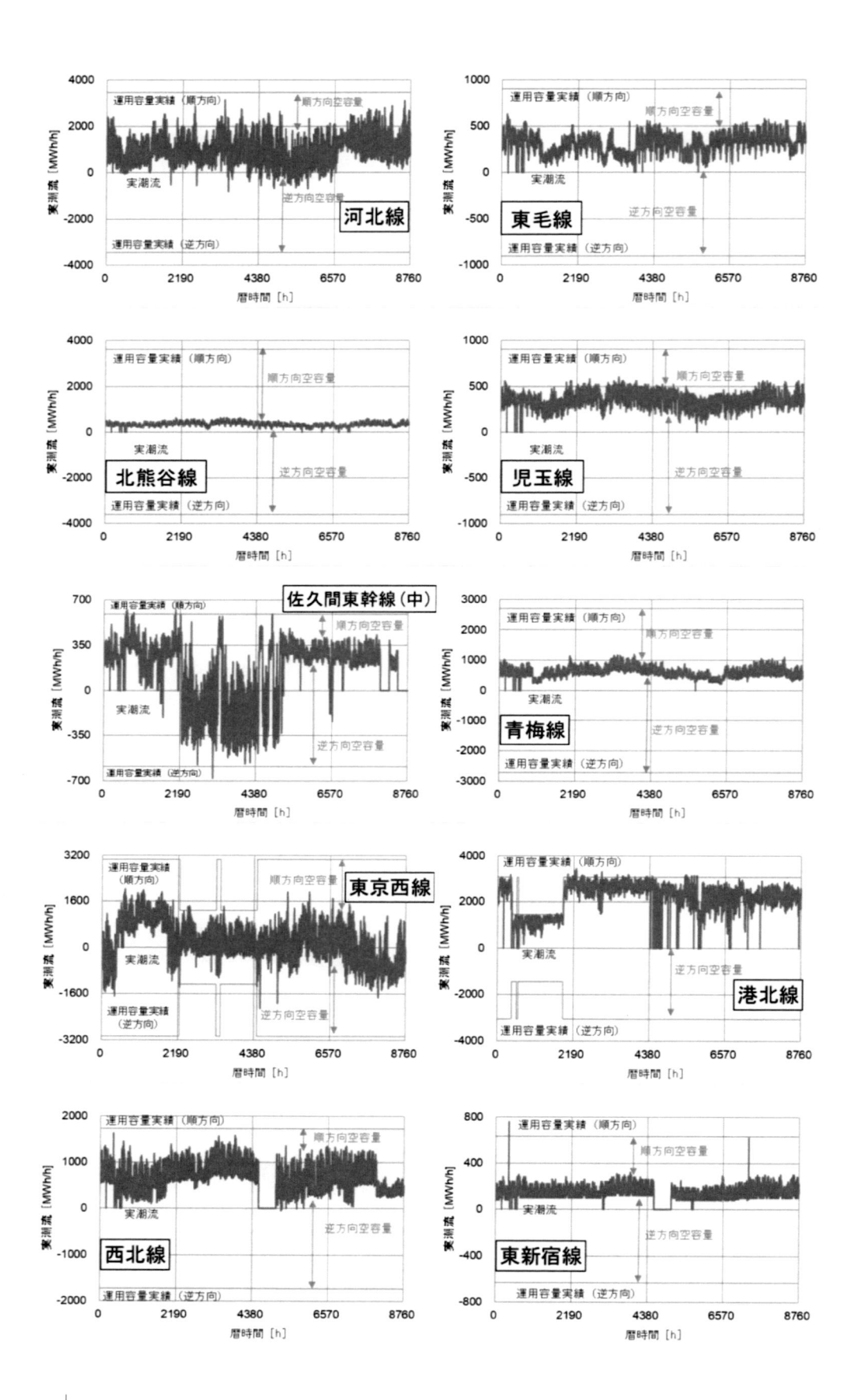

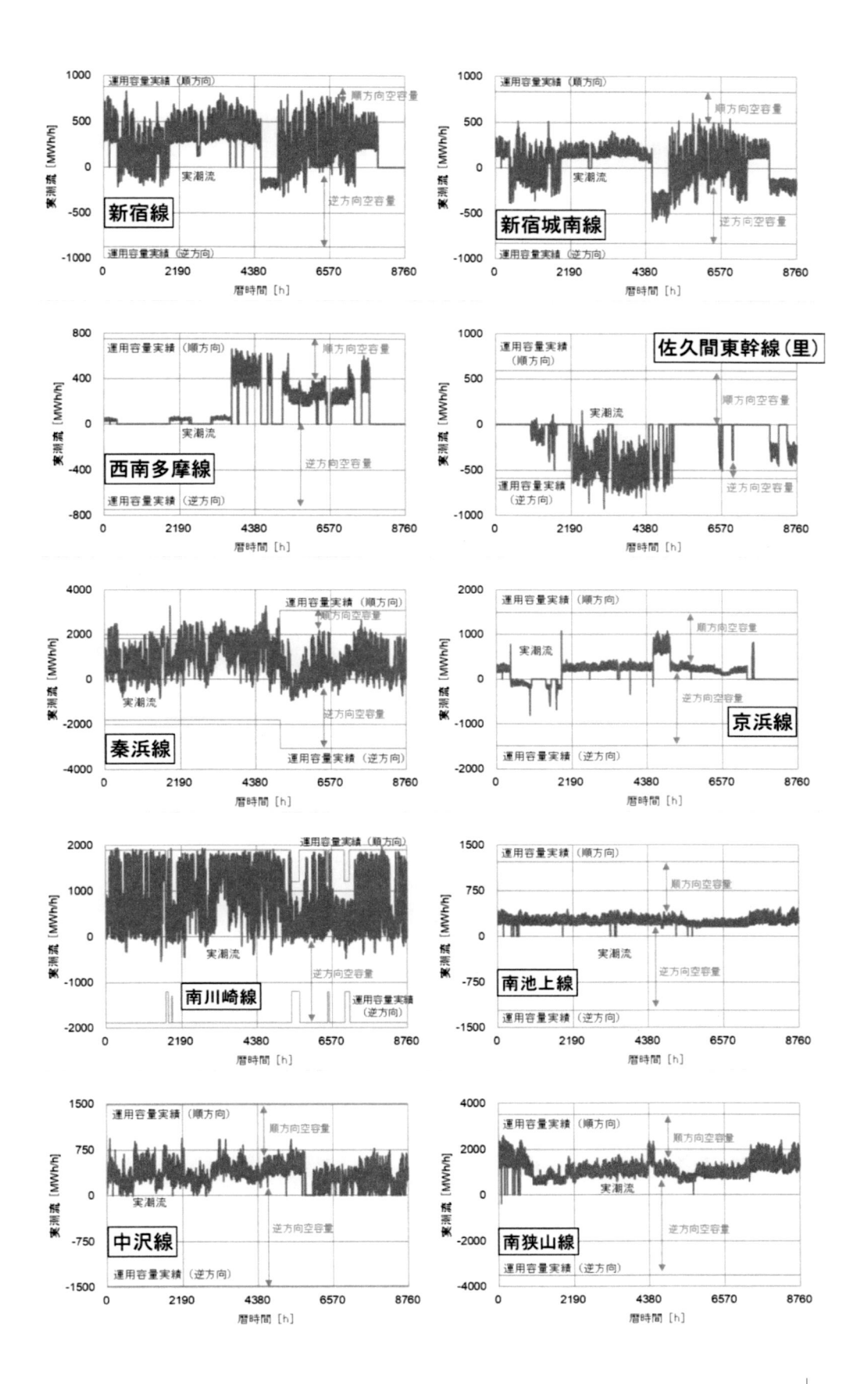

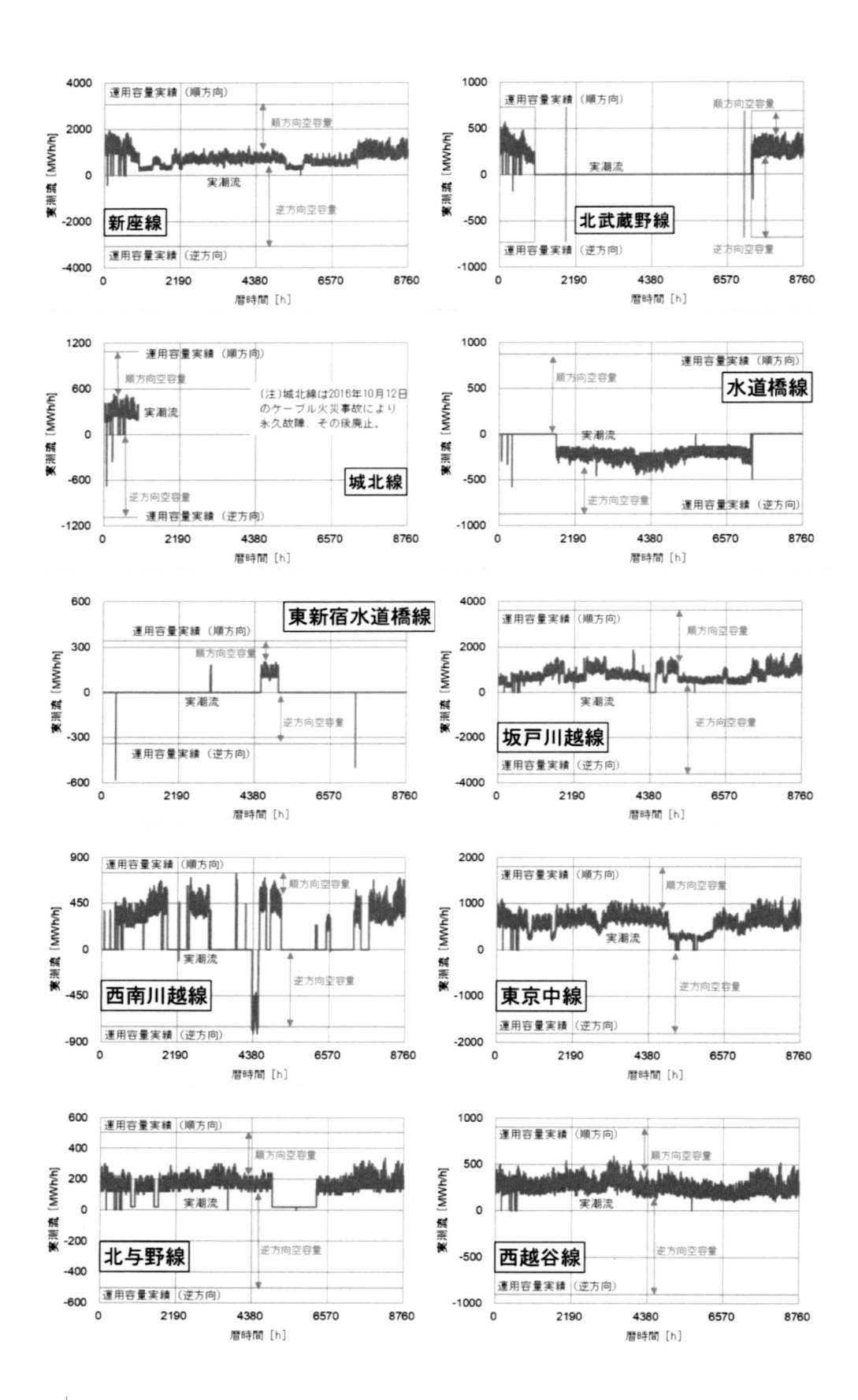

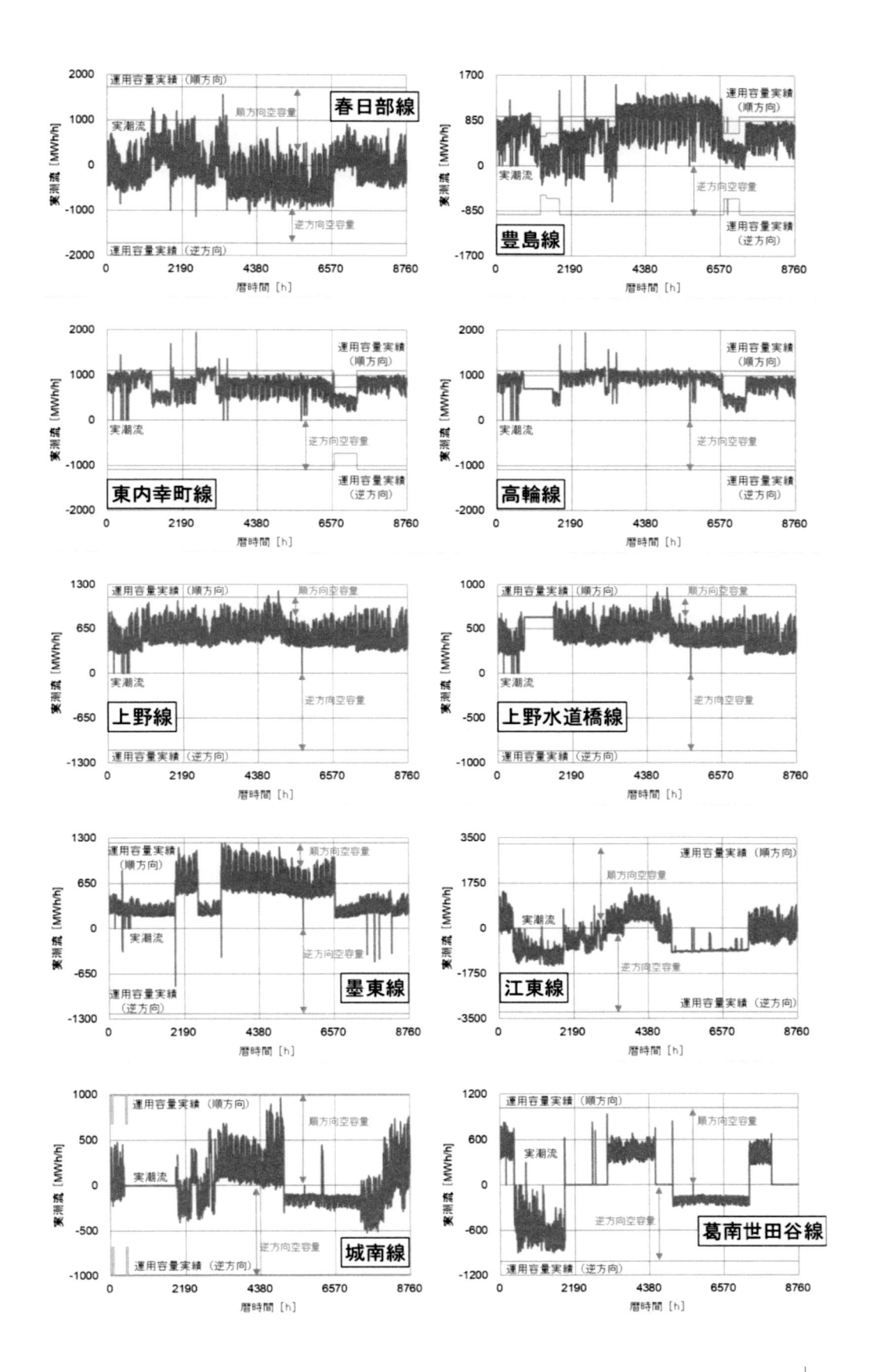

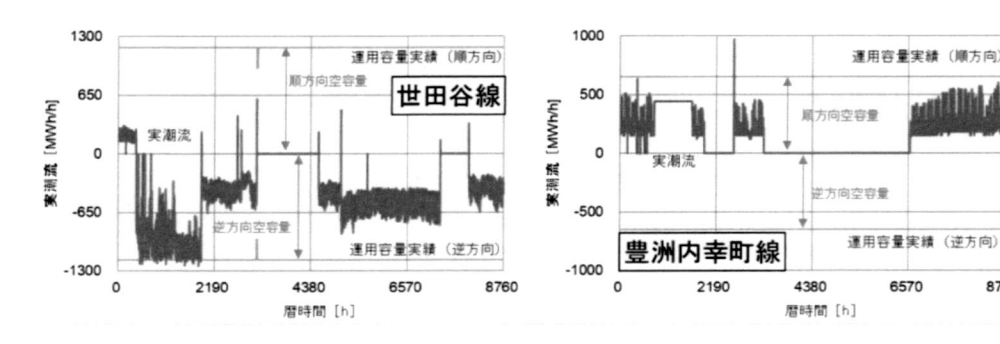

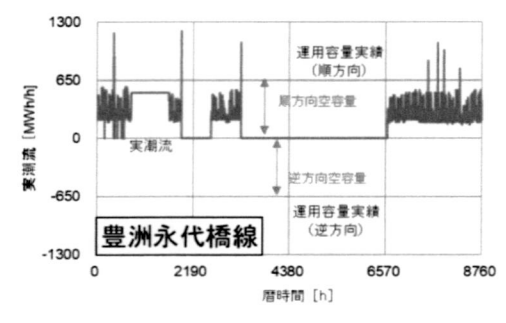

●中部電力（77路線）

・500kV（16路線）

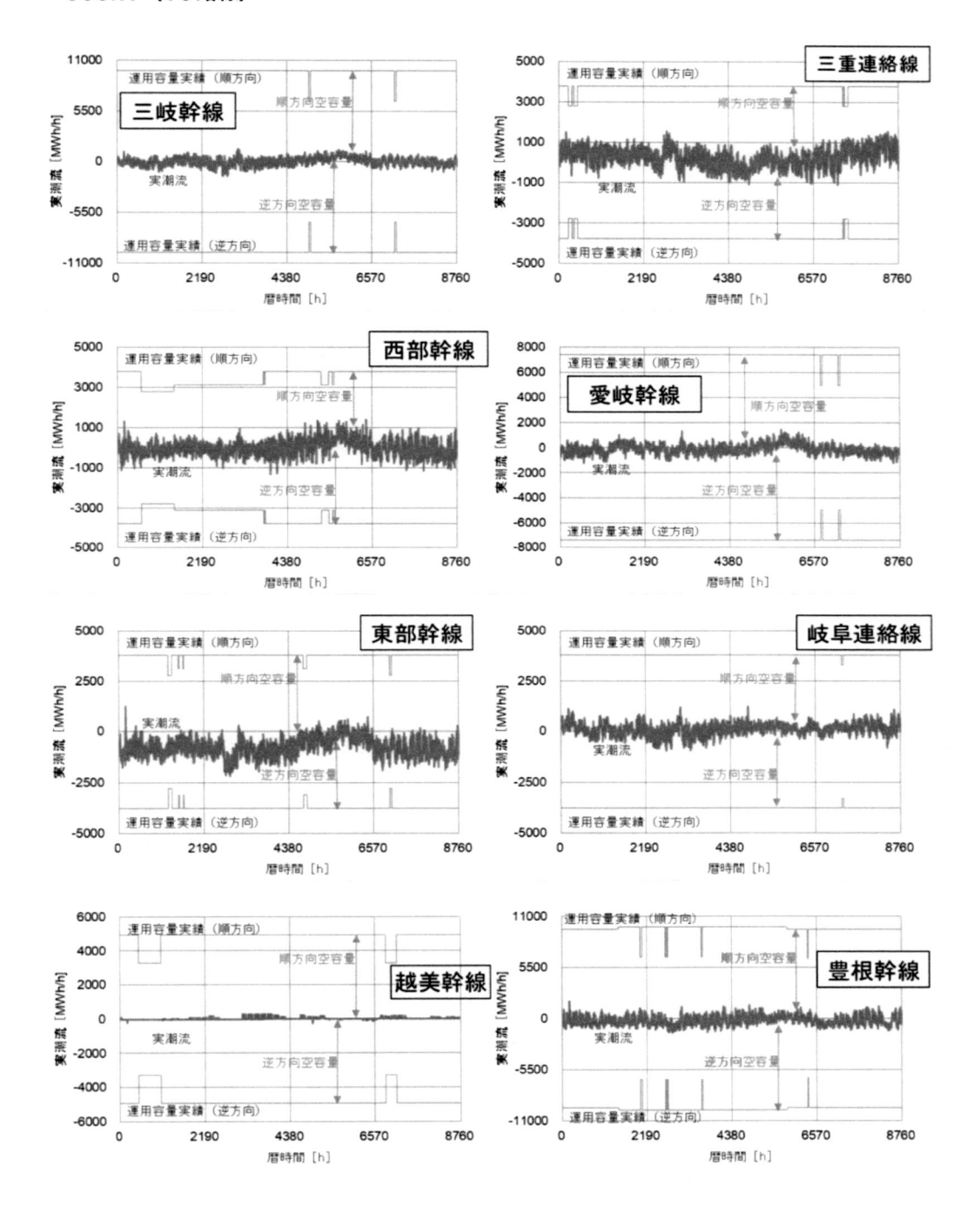

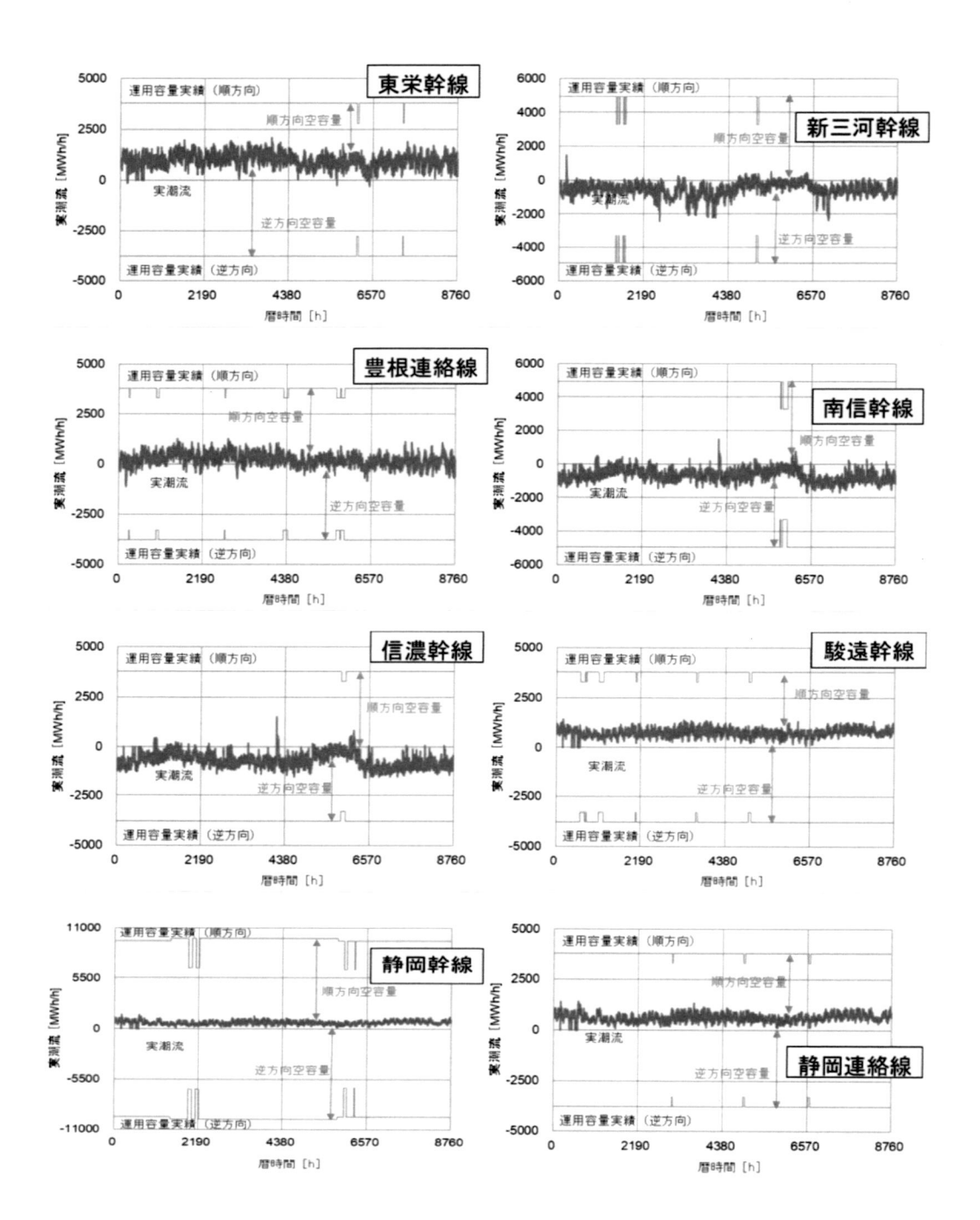

・275kV（61路線）

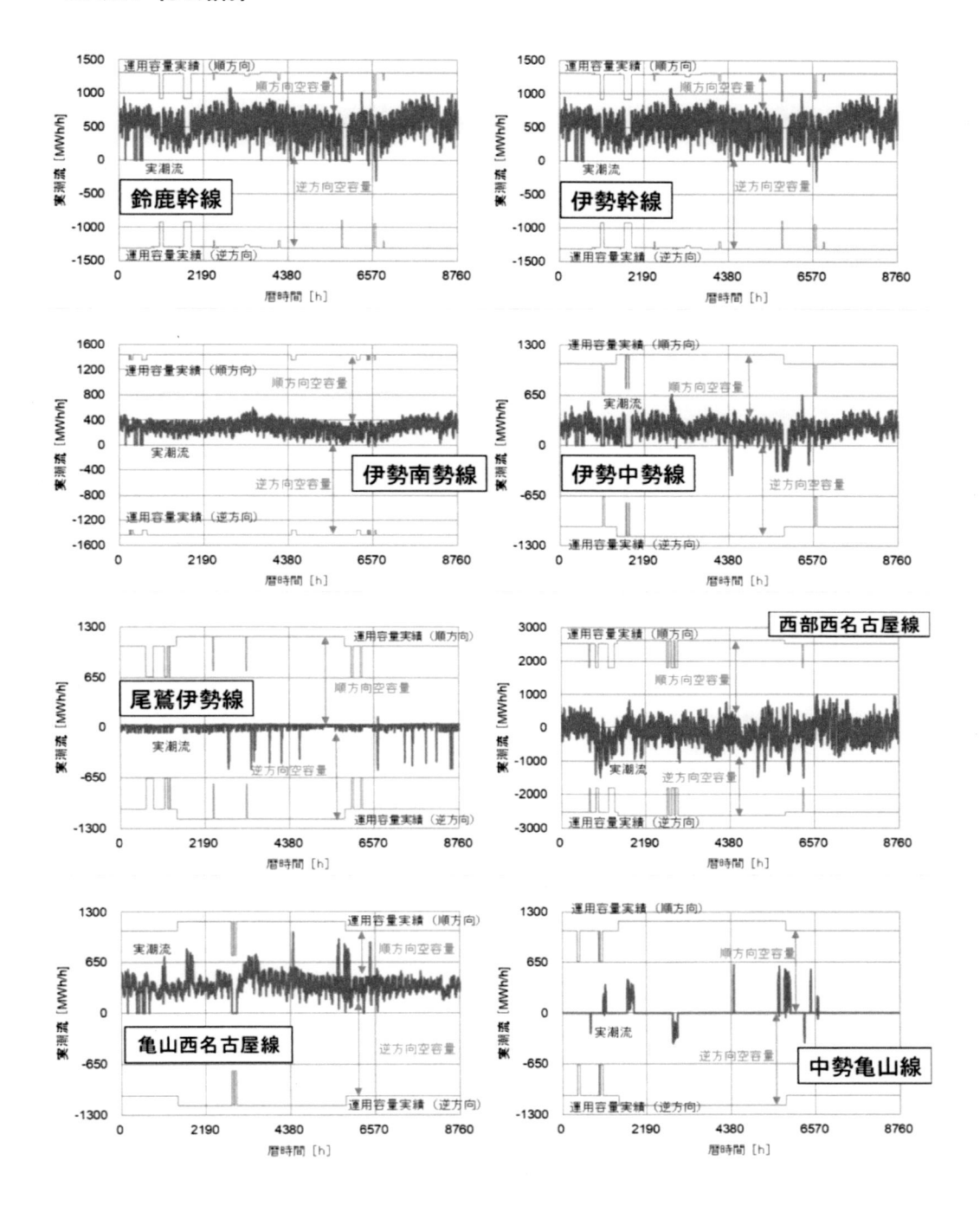

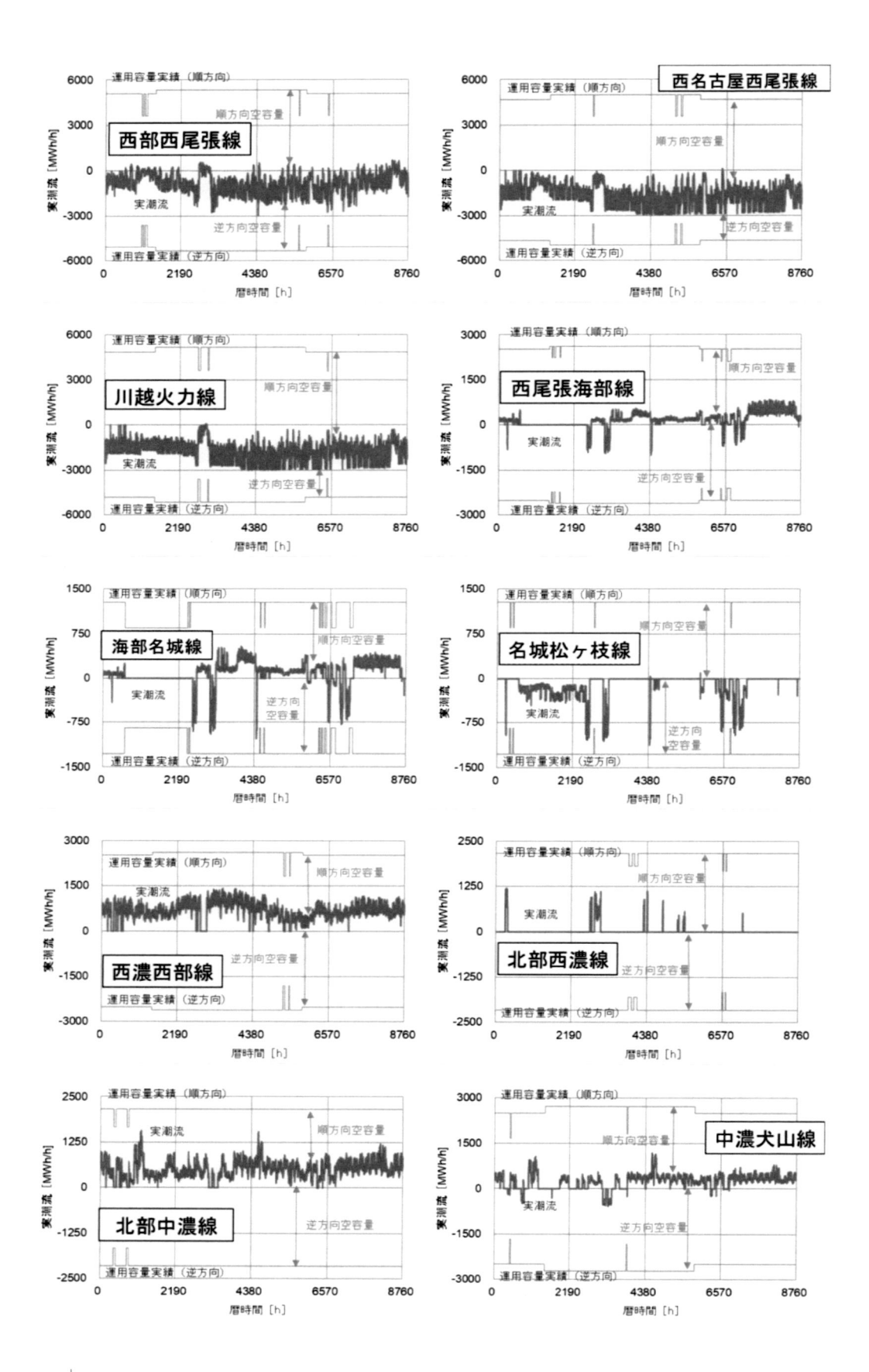

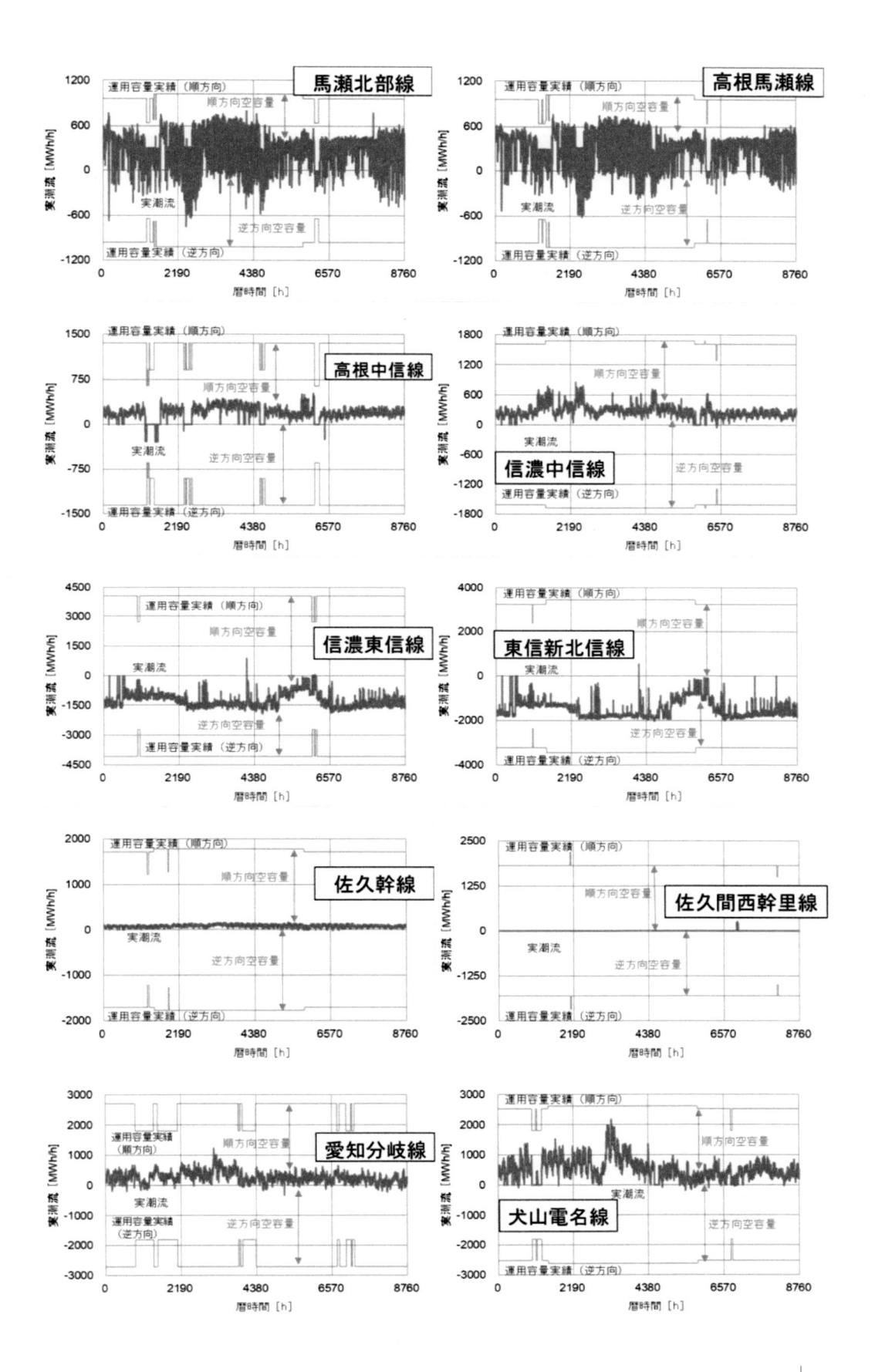

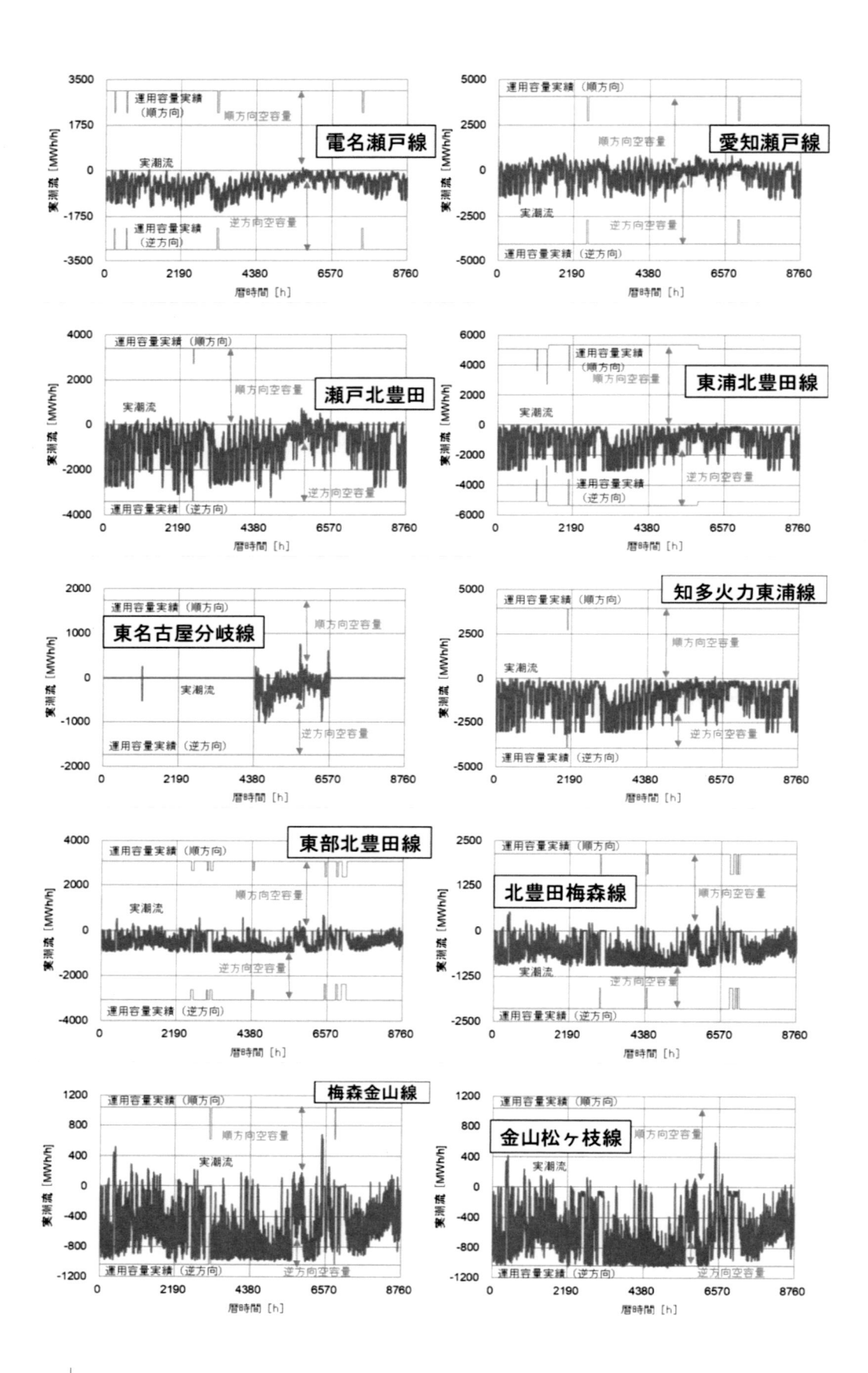

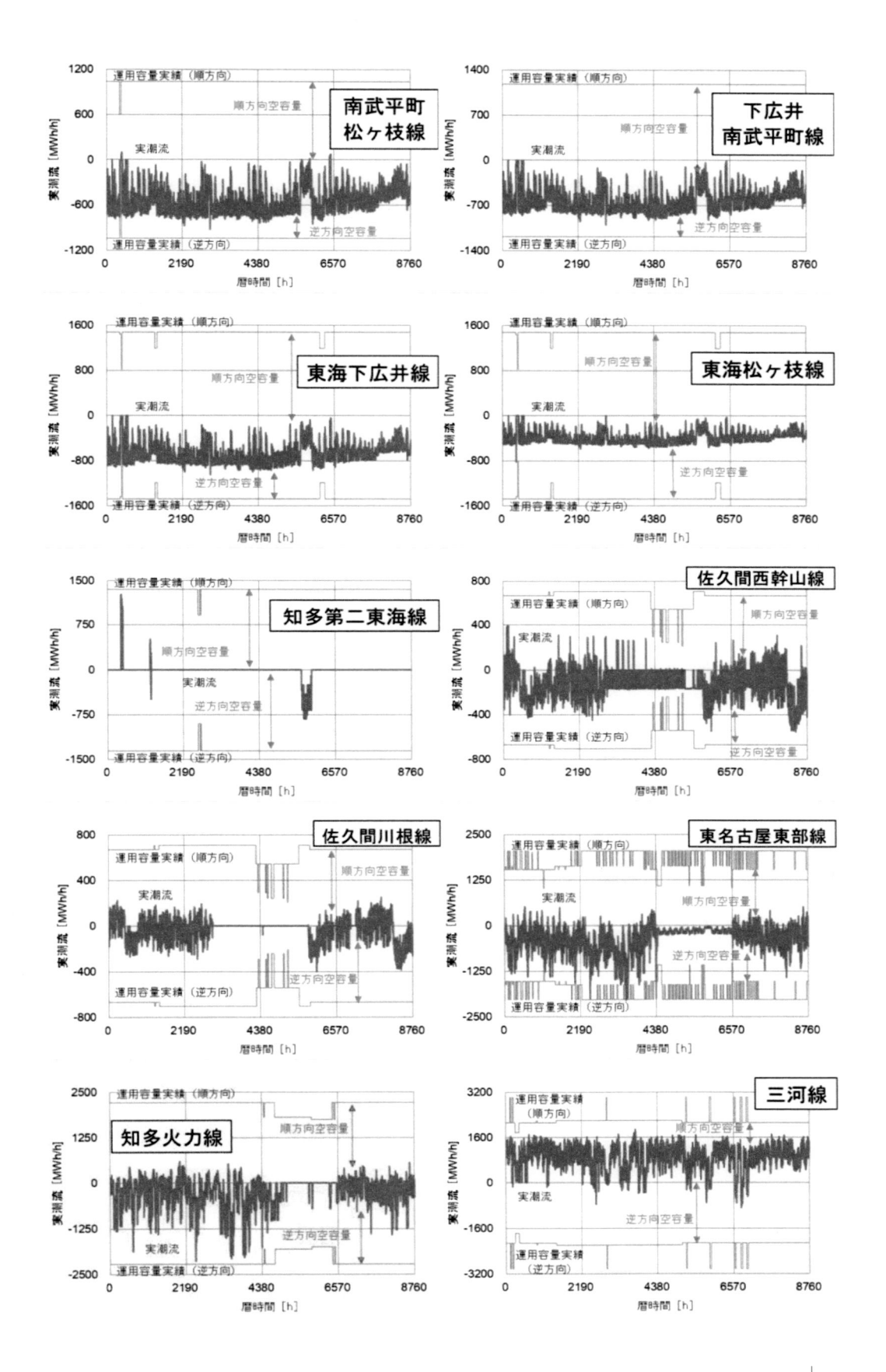

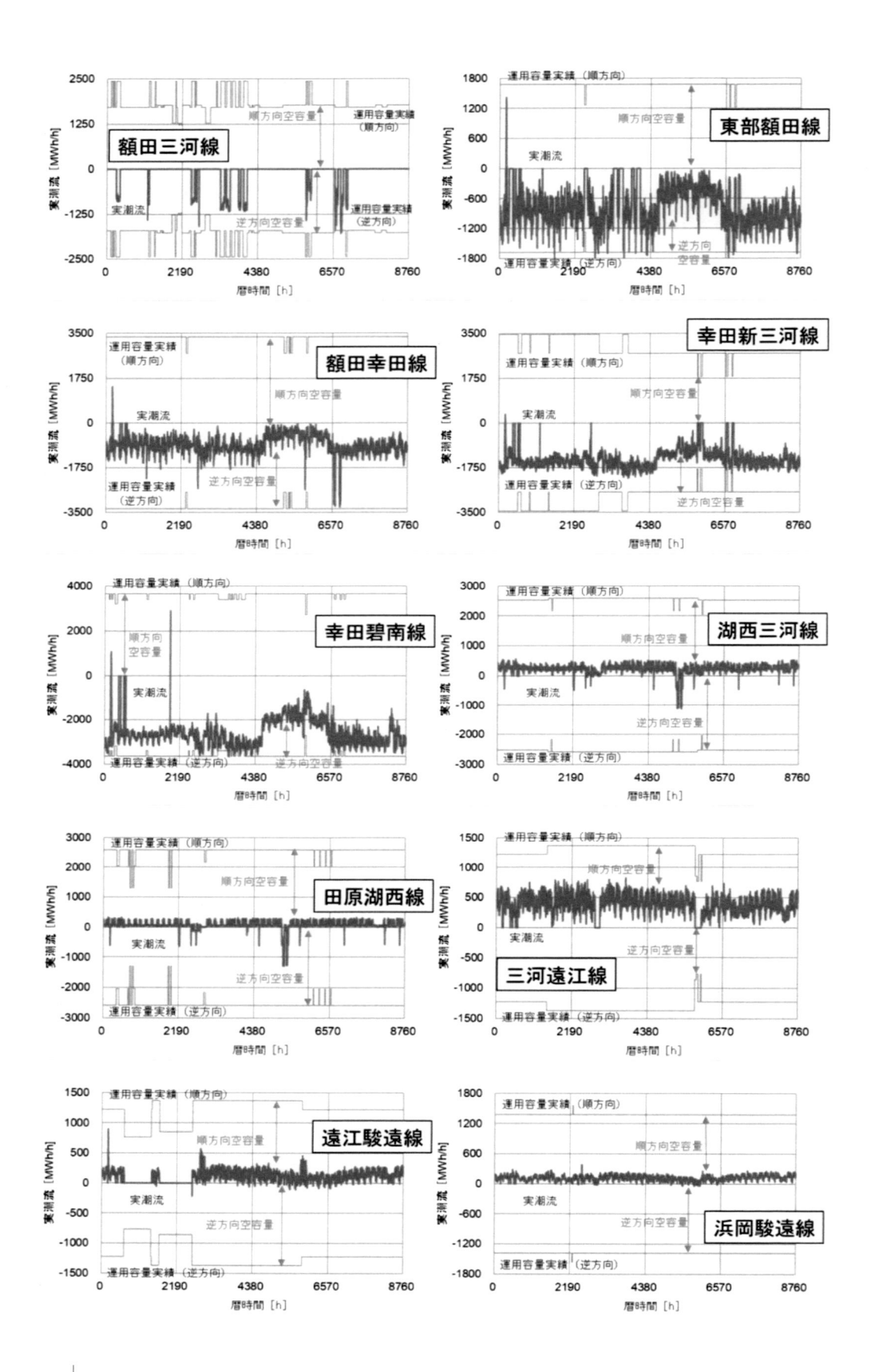

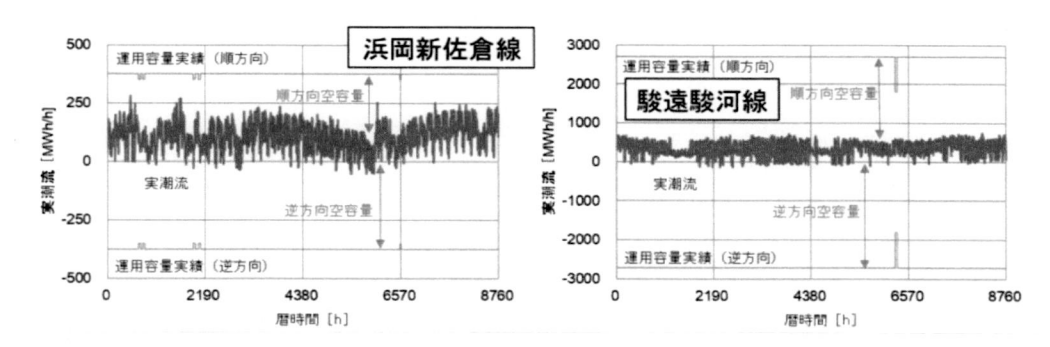

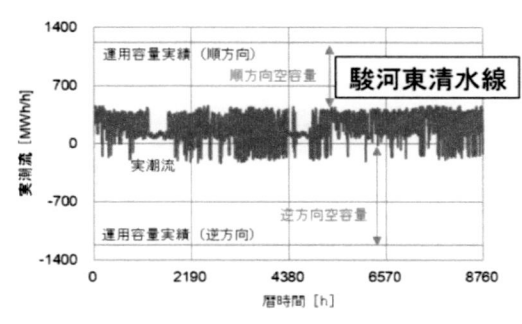

●北陸電力（10路線）

・500kV（4路線）

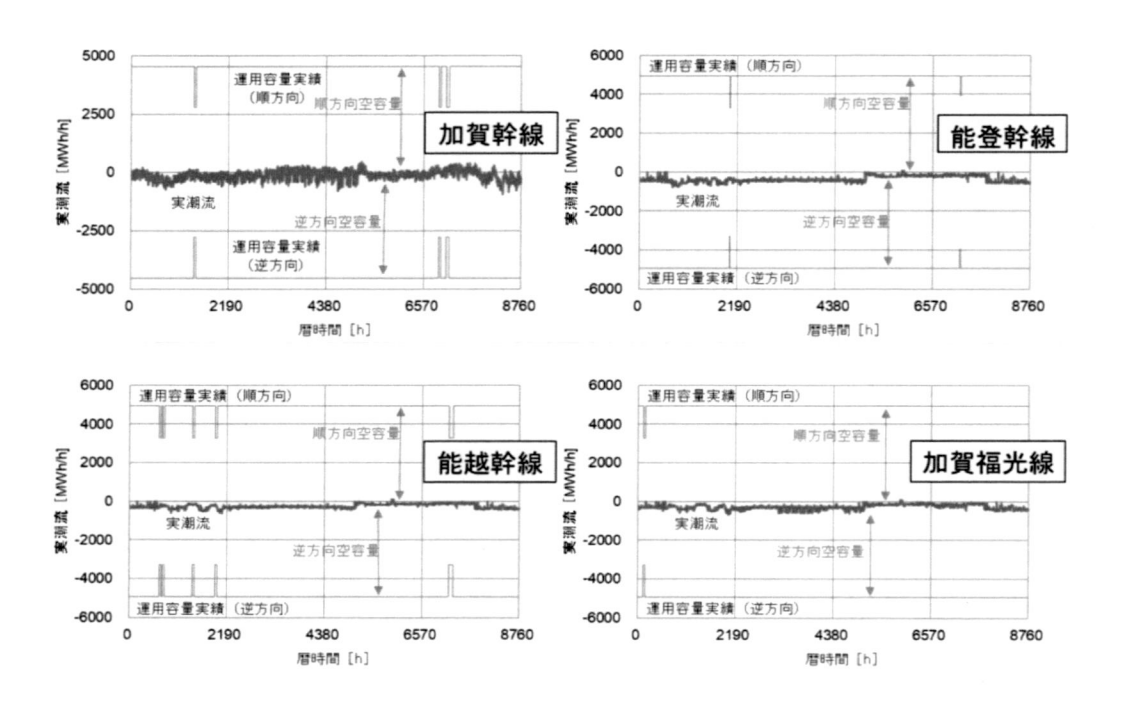

・275kV（6路線）

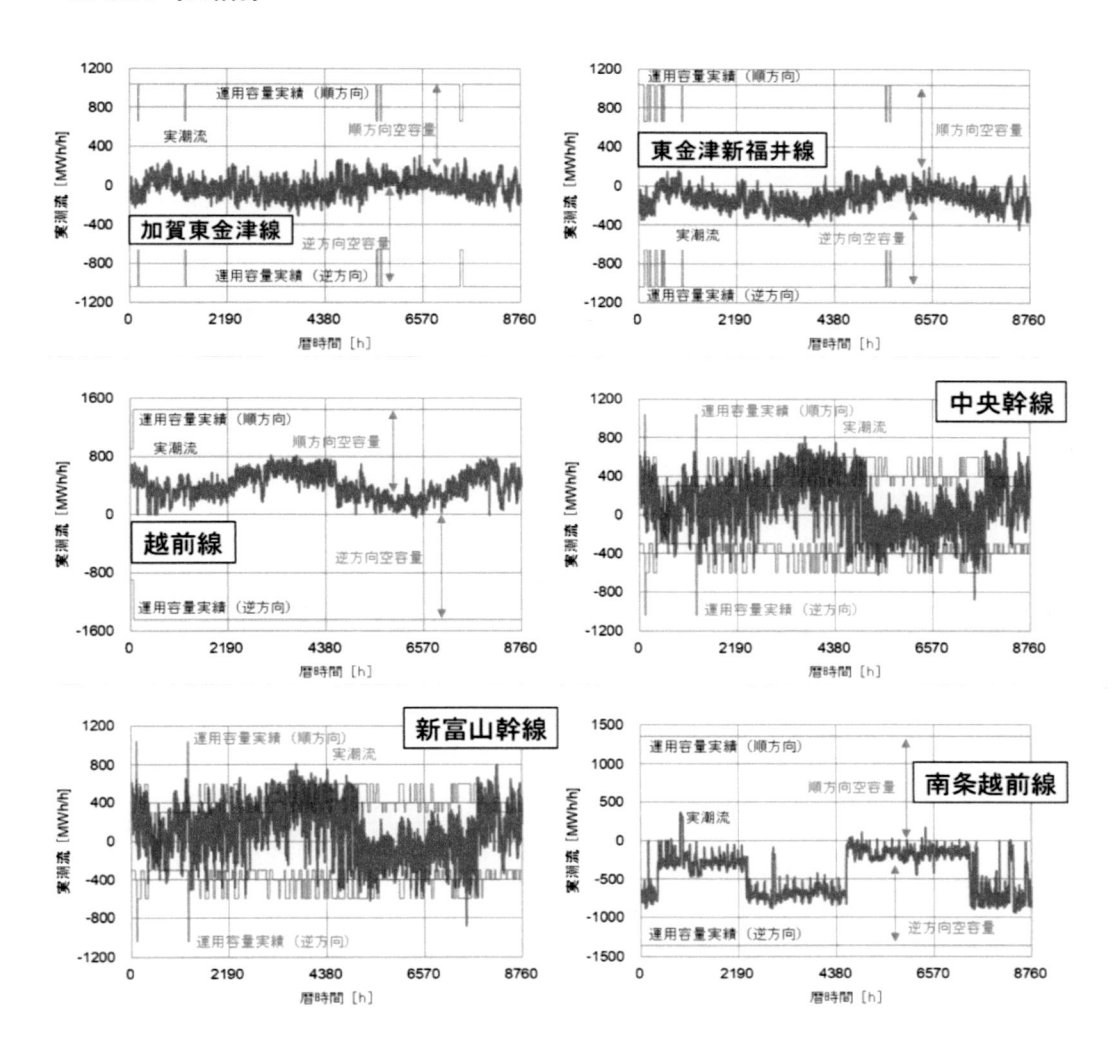

●関西電力（50路線）

・500kV（23路線）

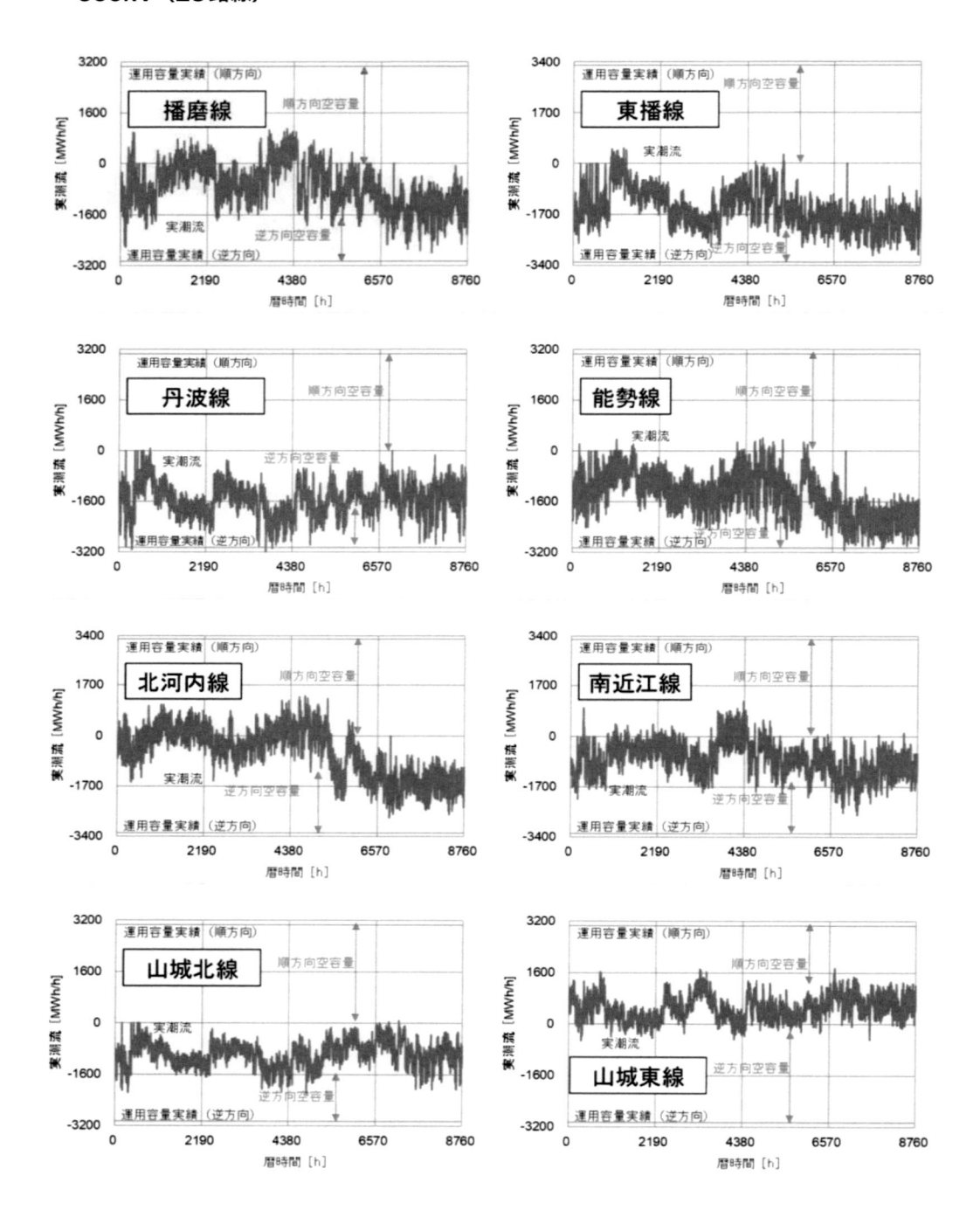

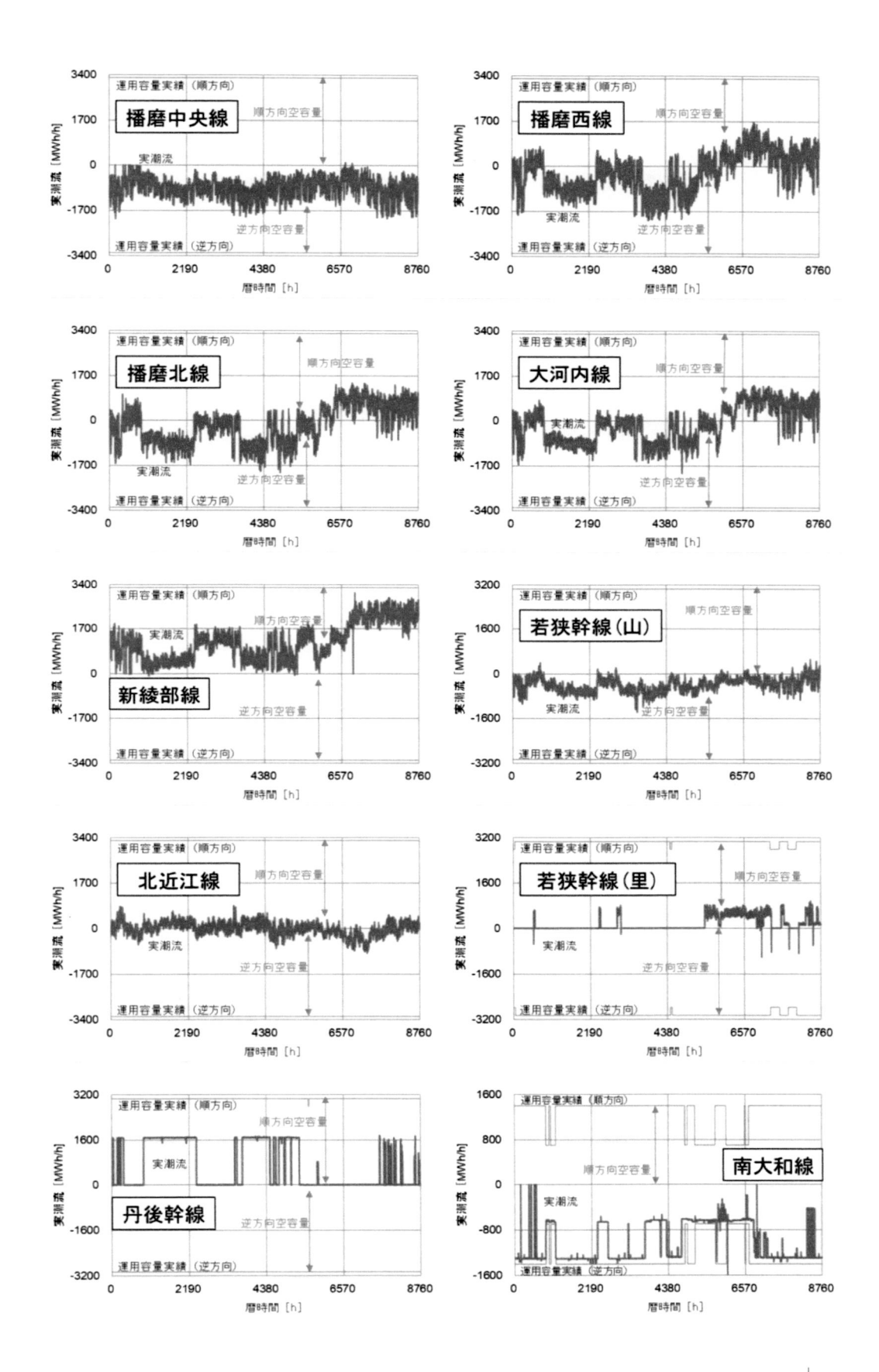

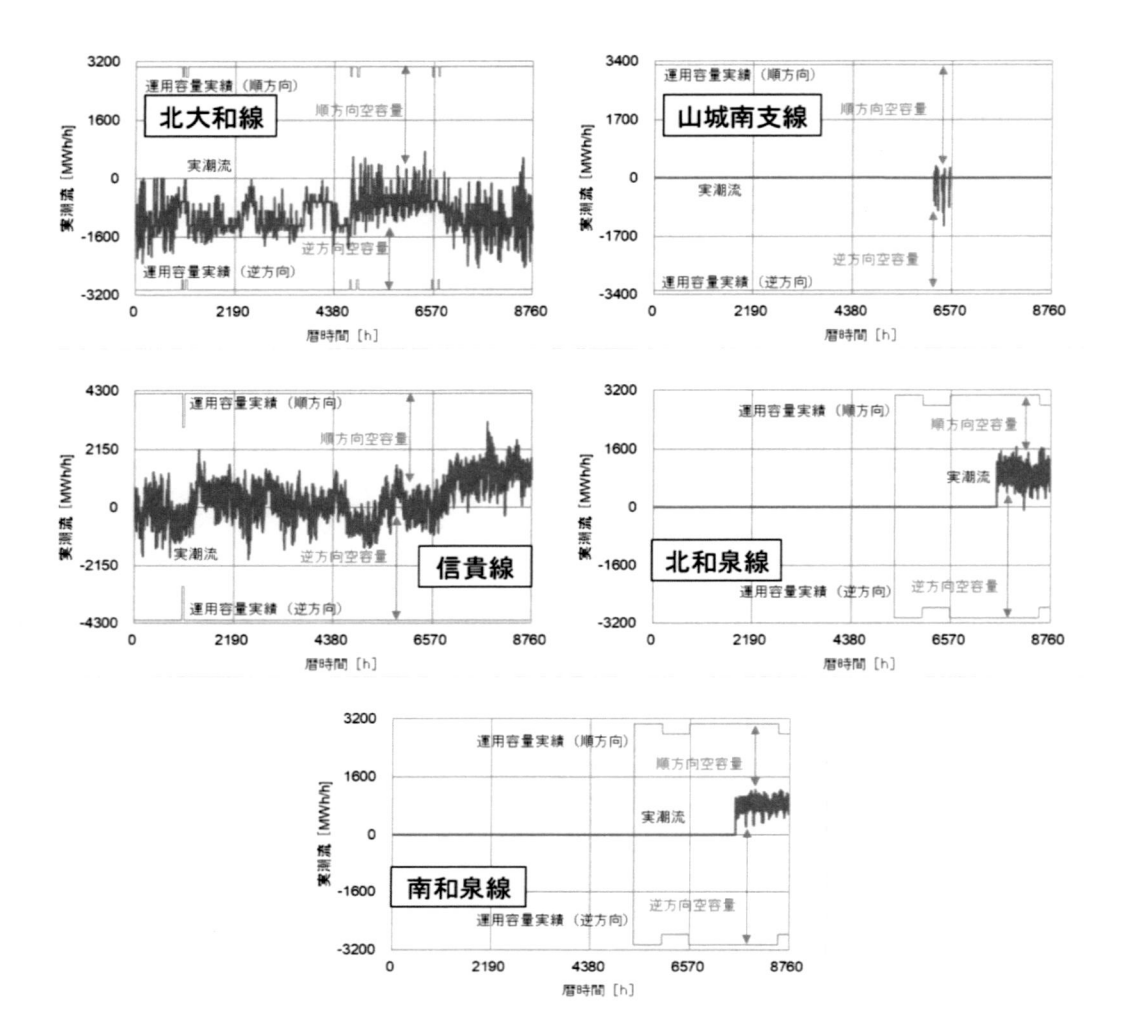

· 275kV（27路線）

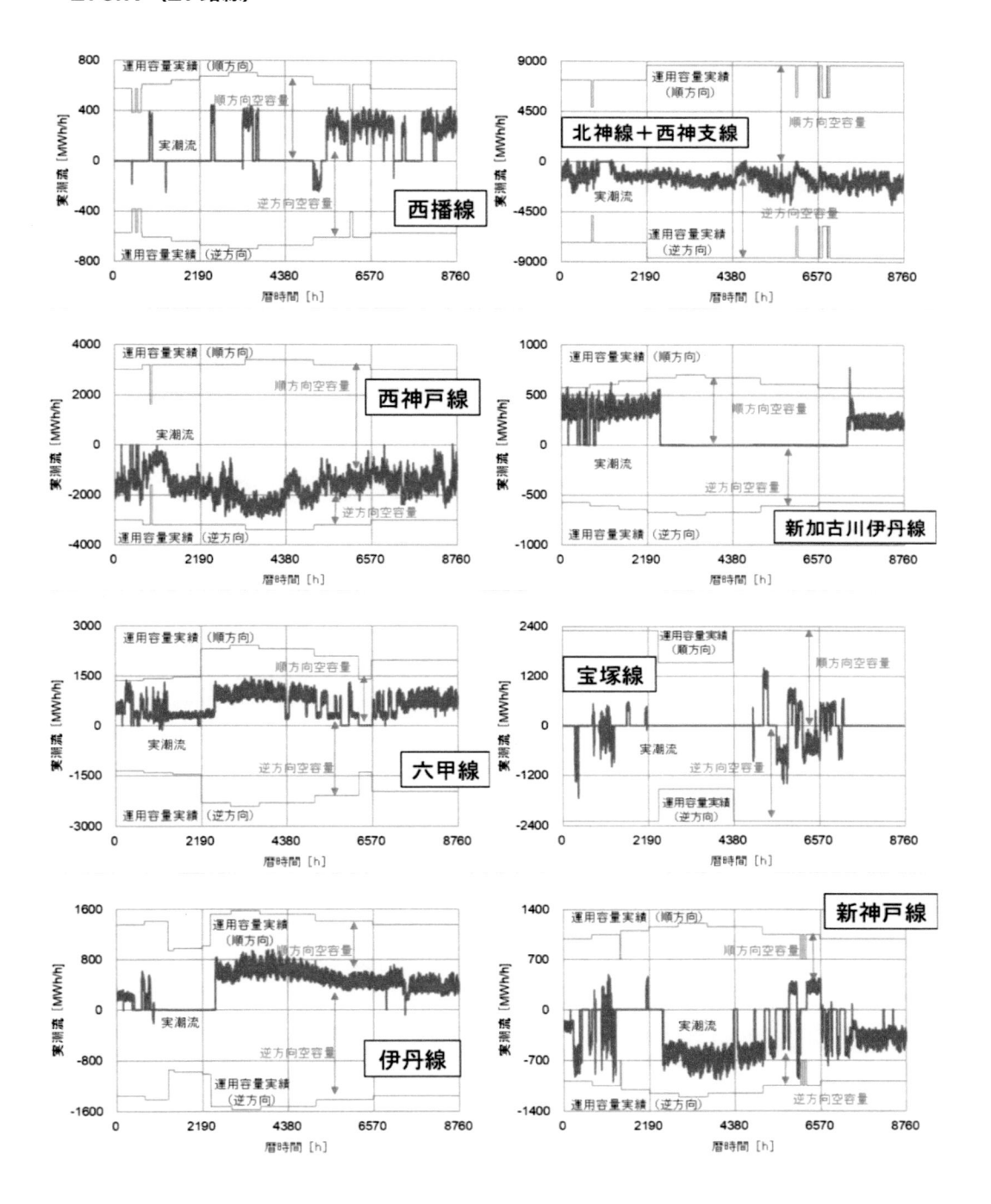

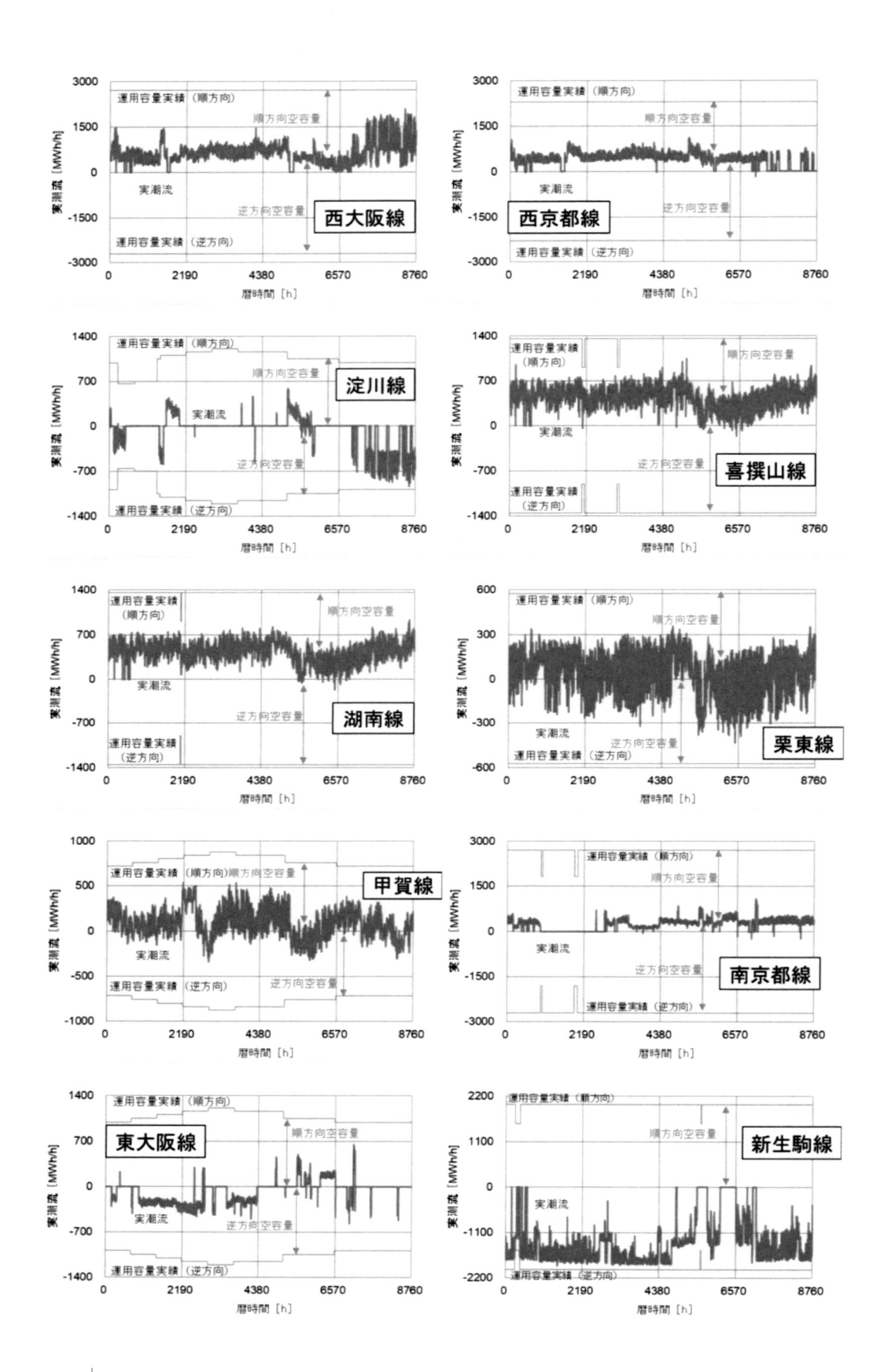

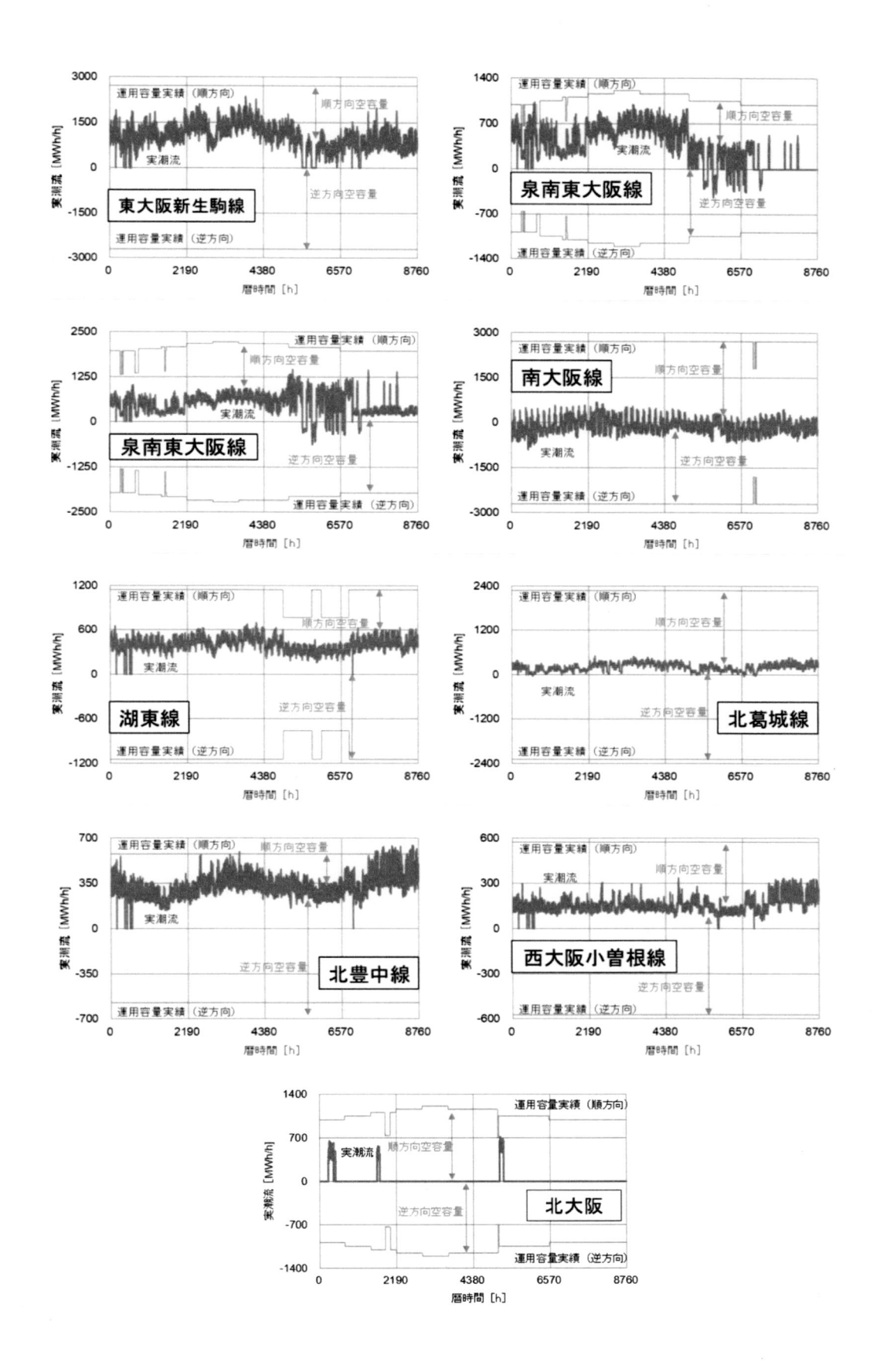

●中国電力（20路線）

・500kV（3路線）

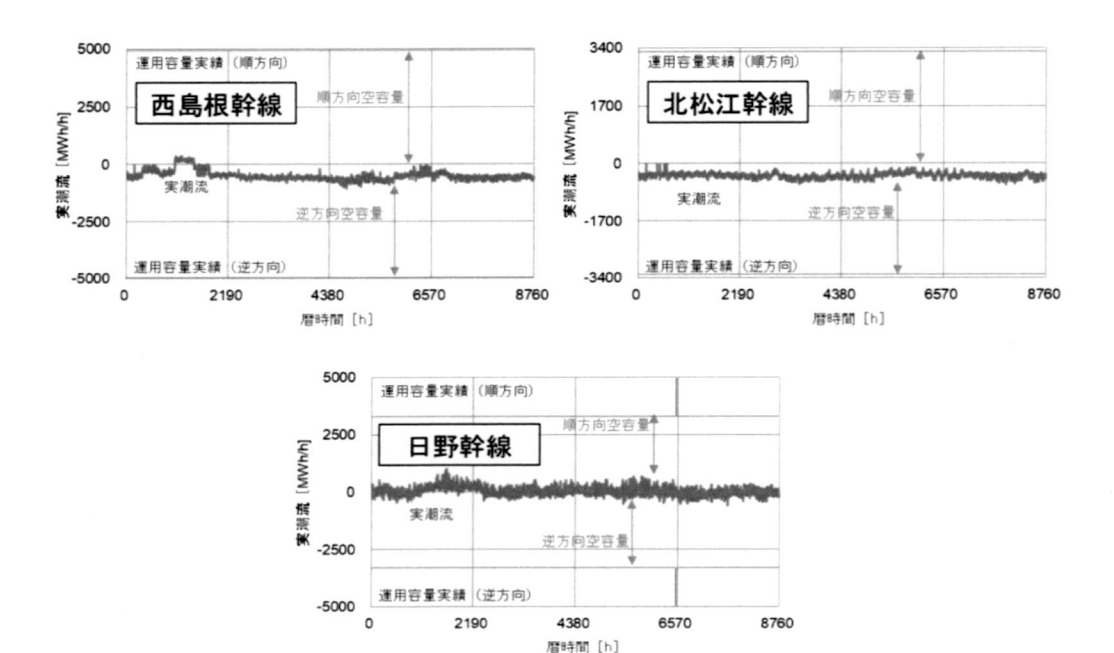

106 | 第3章　データとエビデンス編

・220kV（17路線）

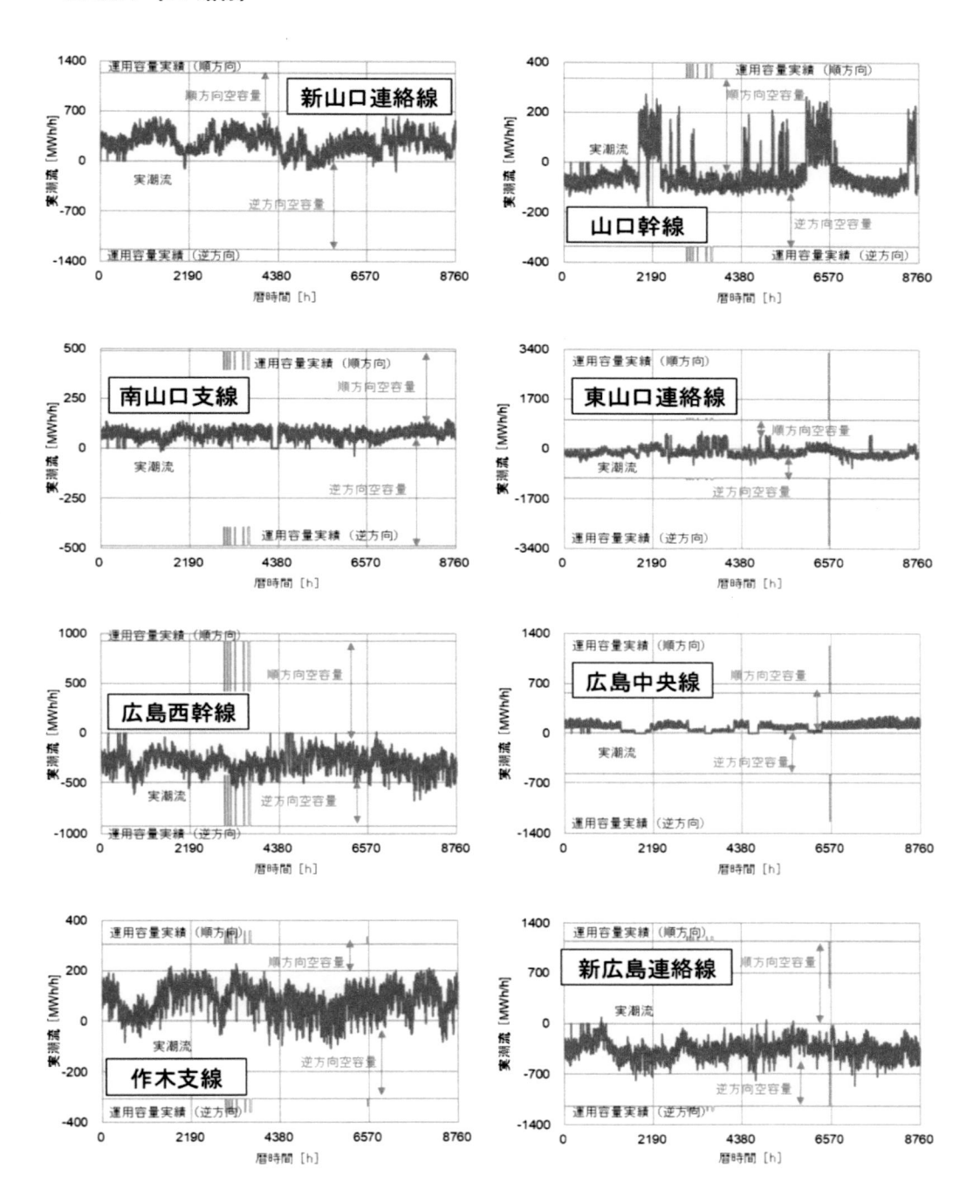

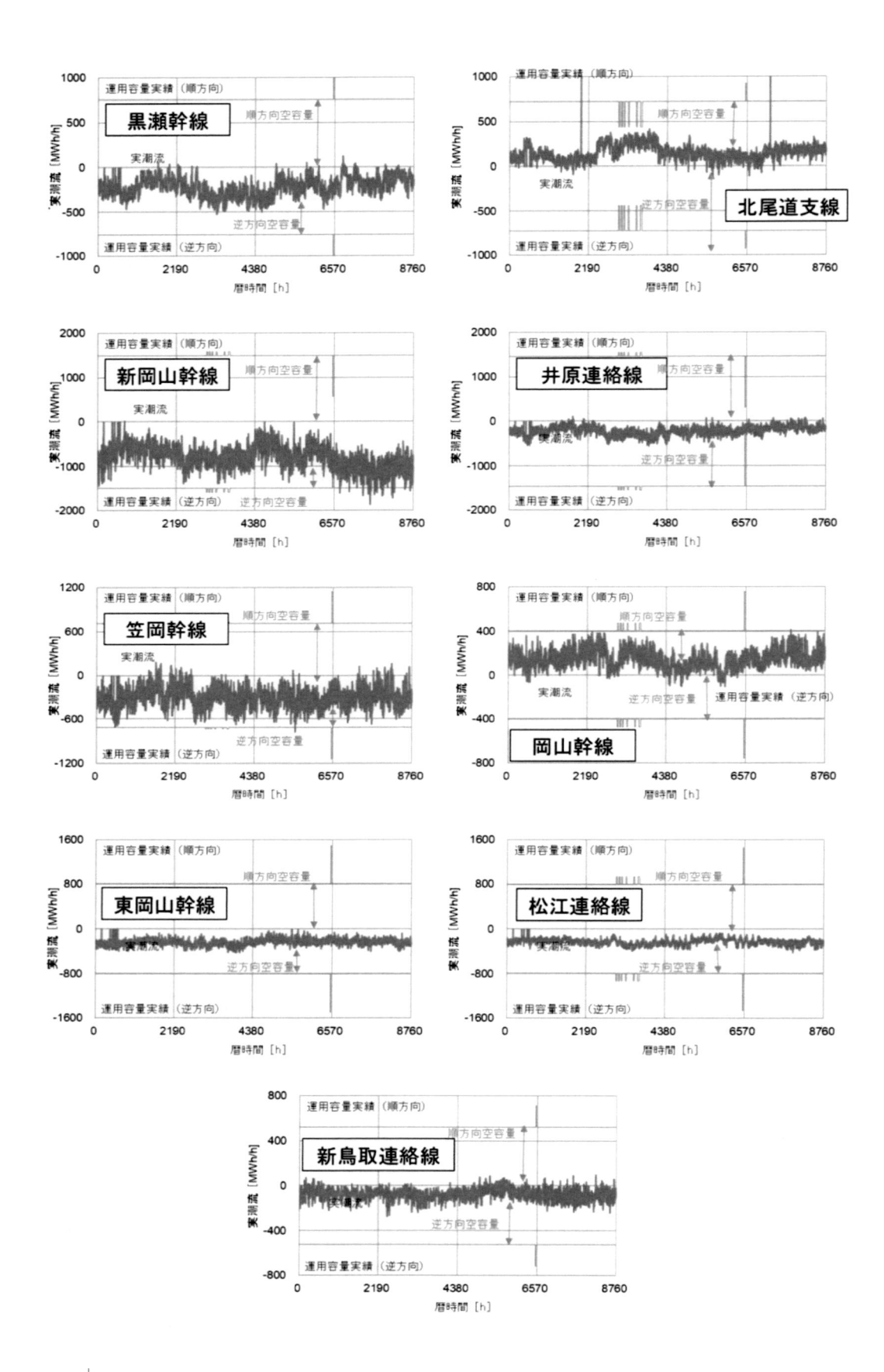

●四国電力（25路線）

注：四国電力の運用容量実績は、全ての路線で年間を通じてほとんどのデータが欠損していたため、わずかに記録されている運用容量実績データを元に、残りの期間のデータを補填した。そのため、時系列波形グラフにおける運用容量実績の曲線は年間を通じて一定の直線となっている。

・500kV（4路線）

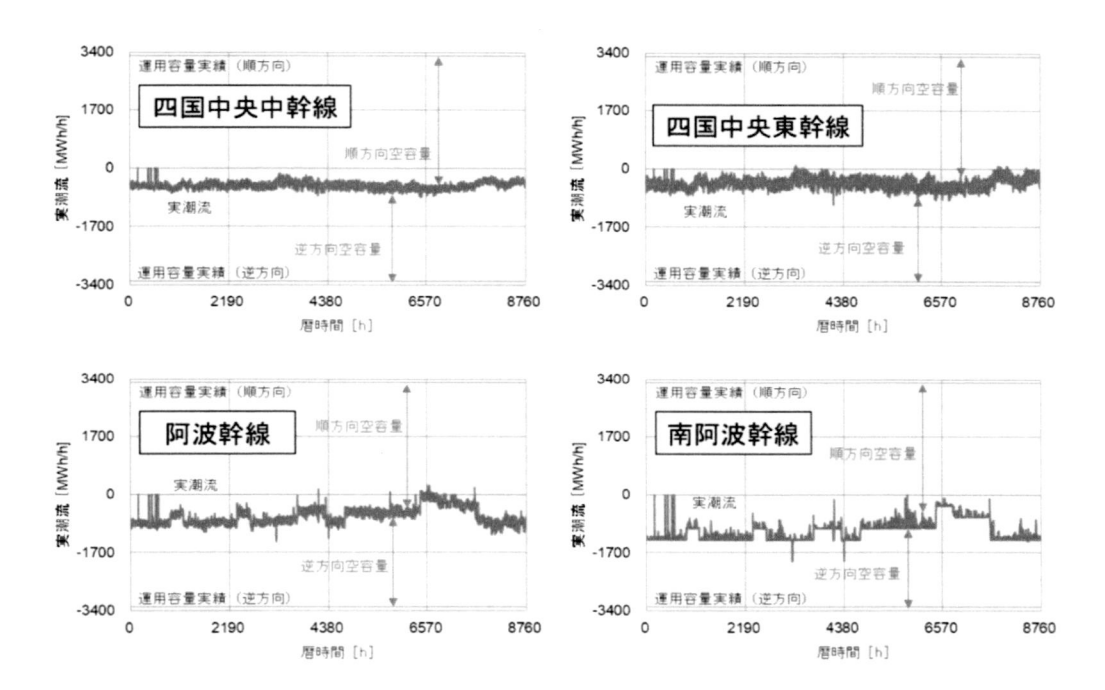

・187kV（21路線）

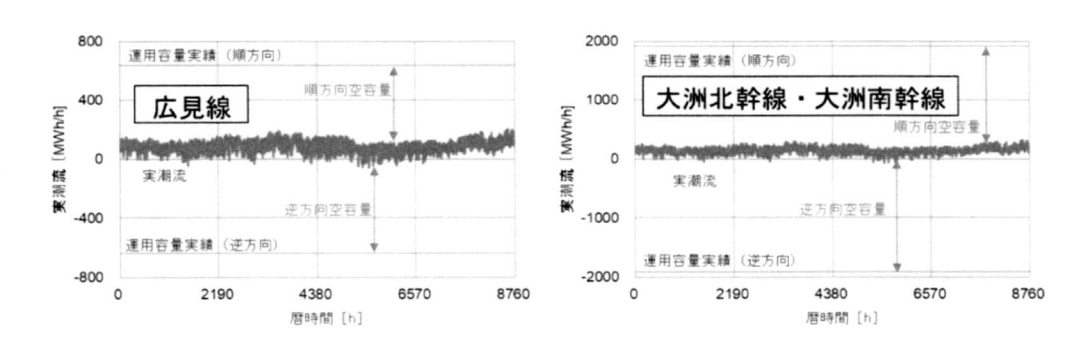

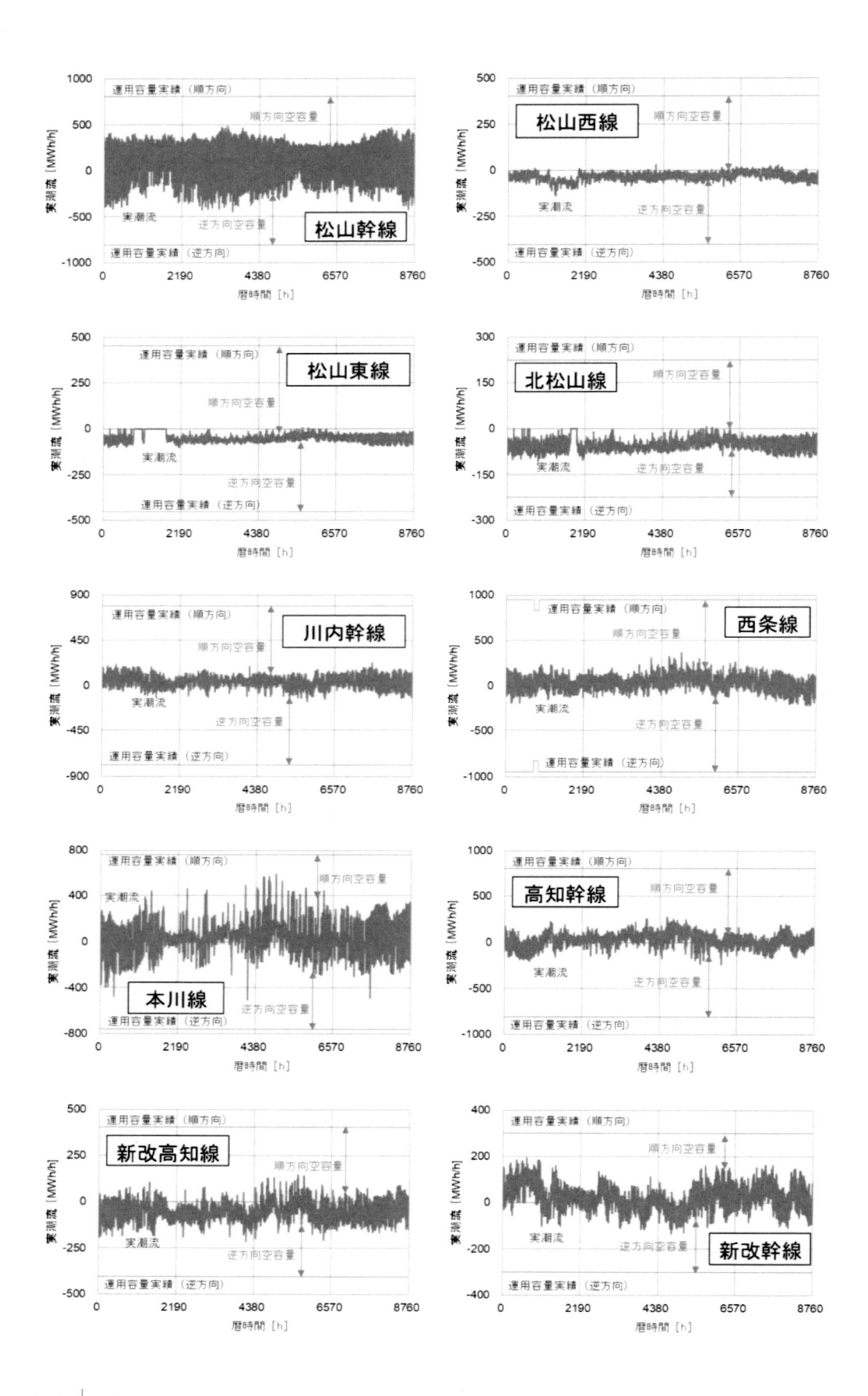

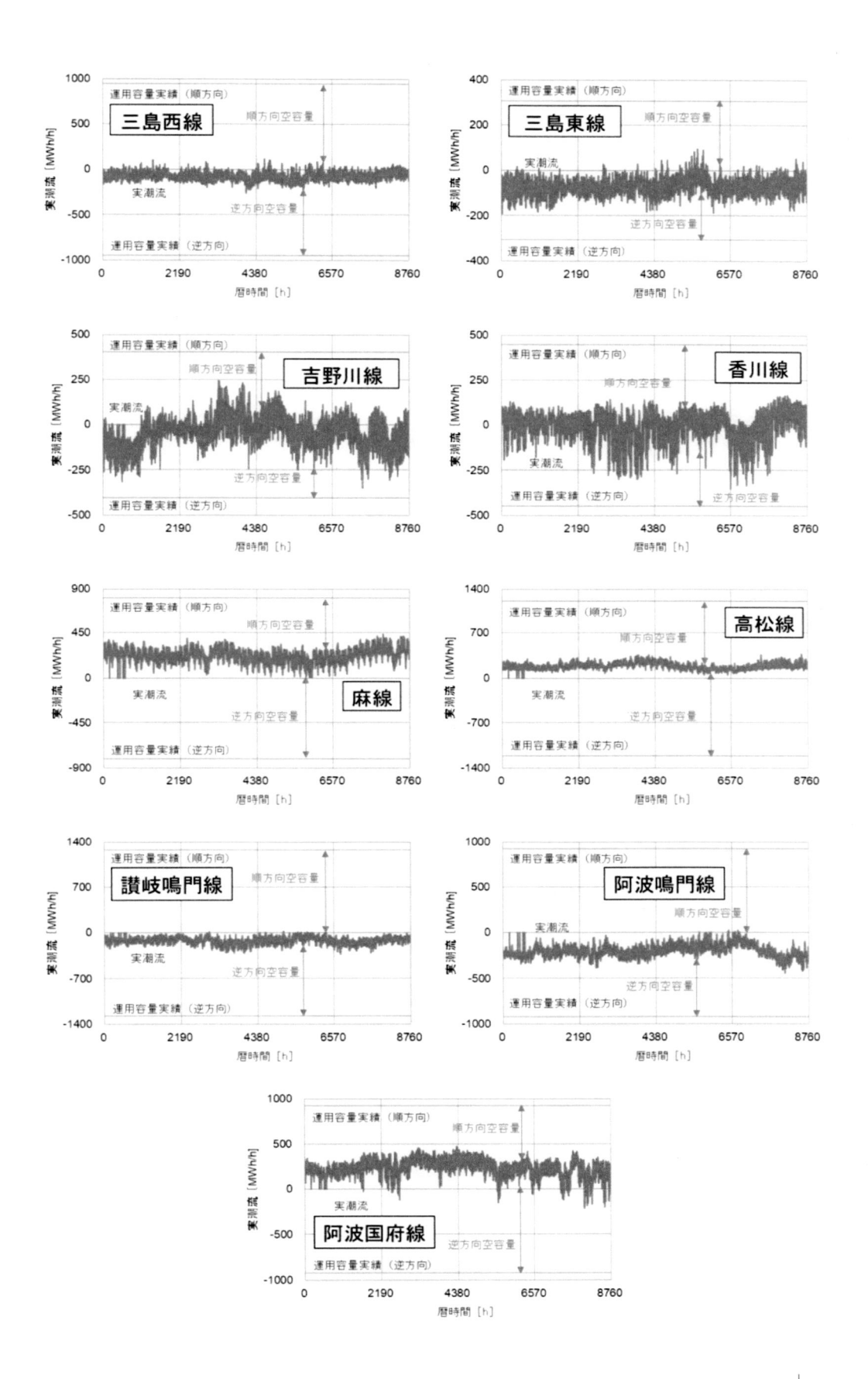

●九州電力（53路線）

・500kV（11路線）

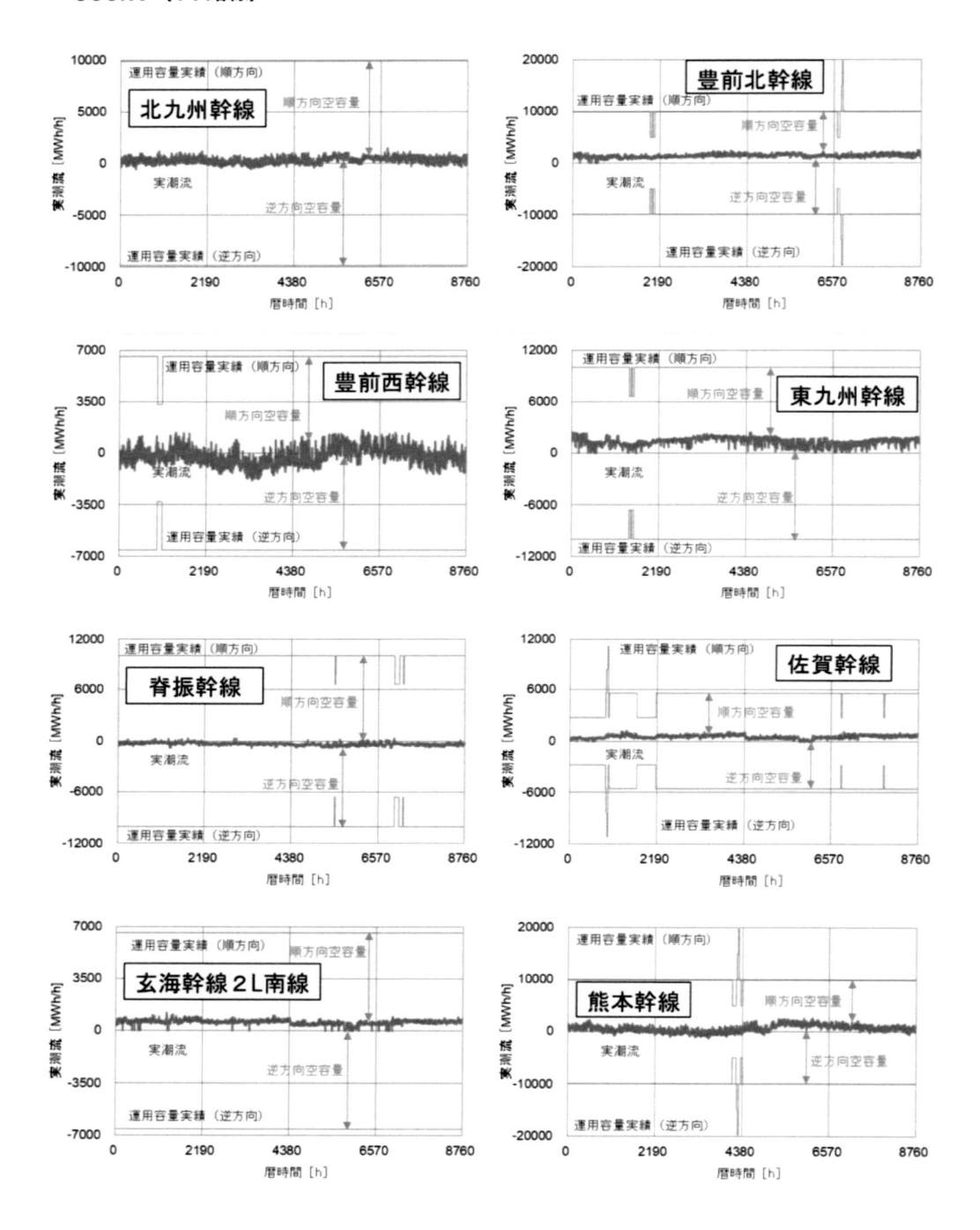

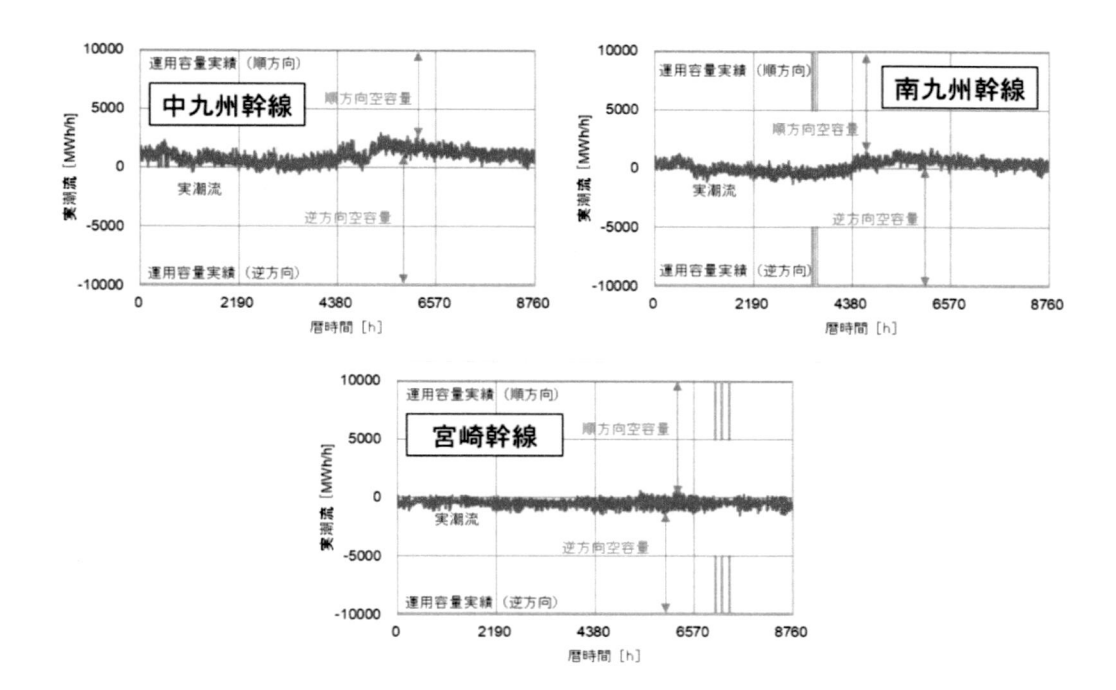

・220kV（42路線）

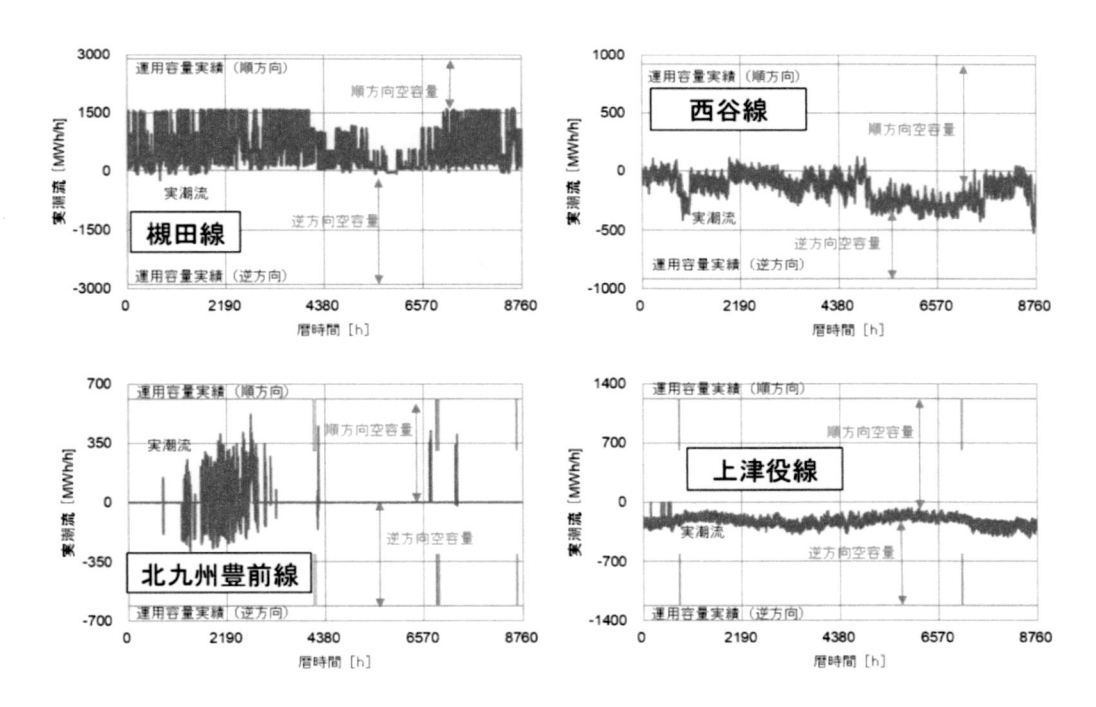

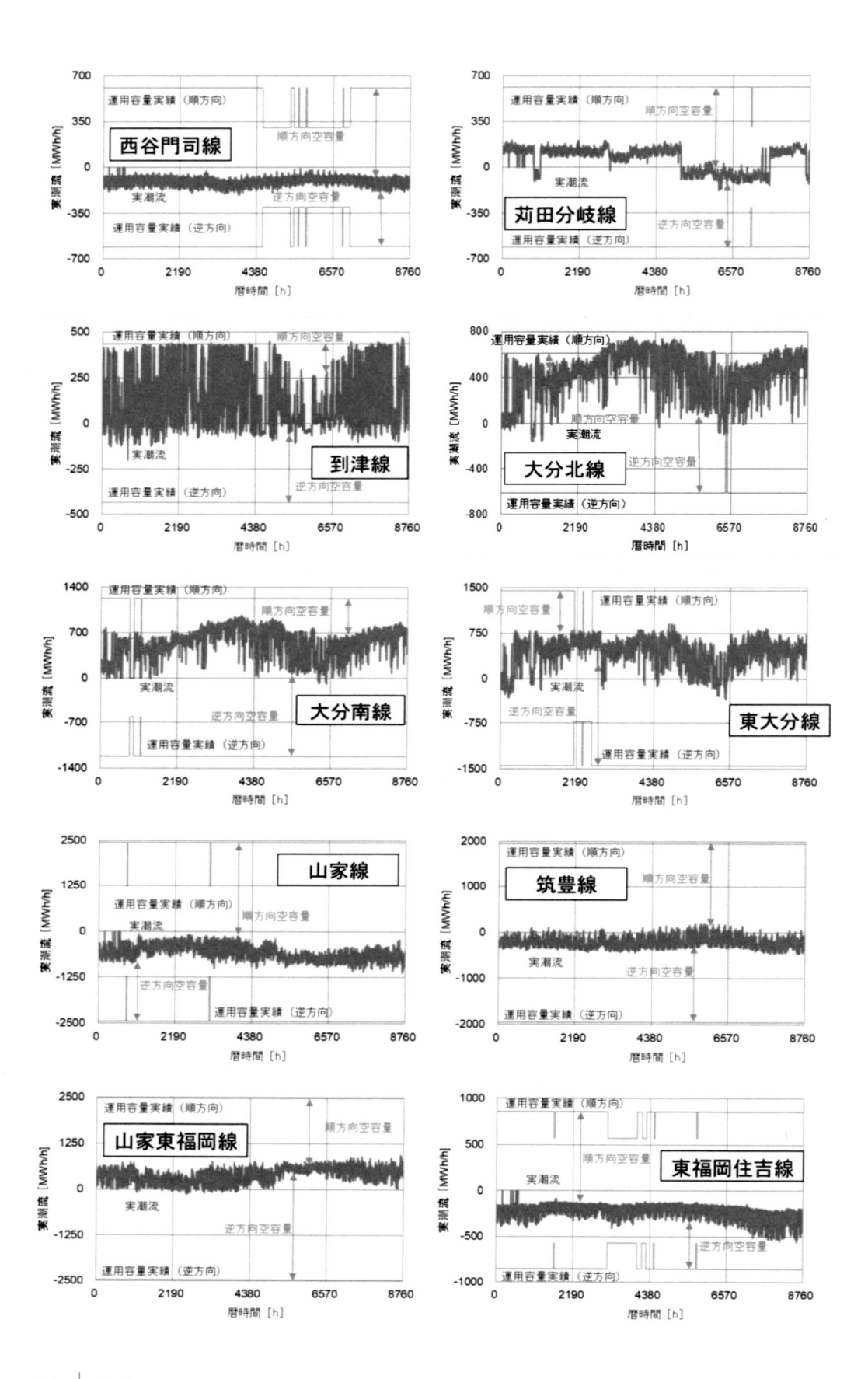

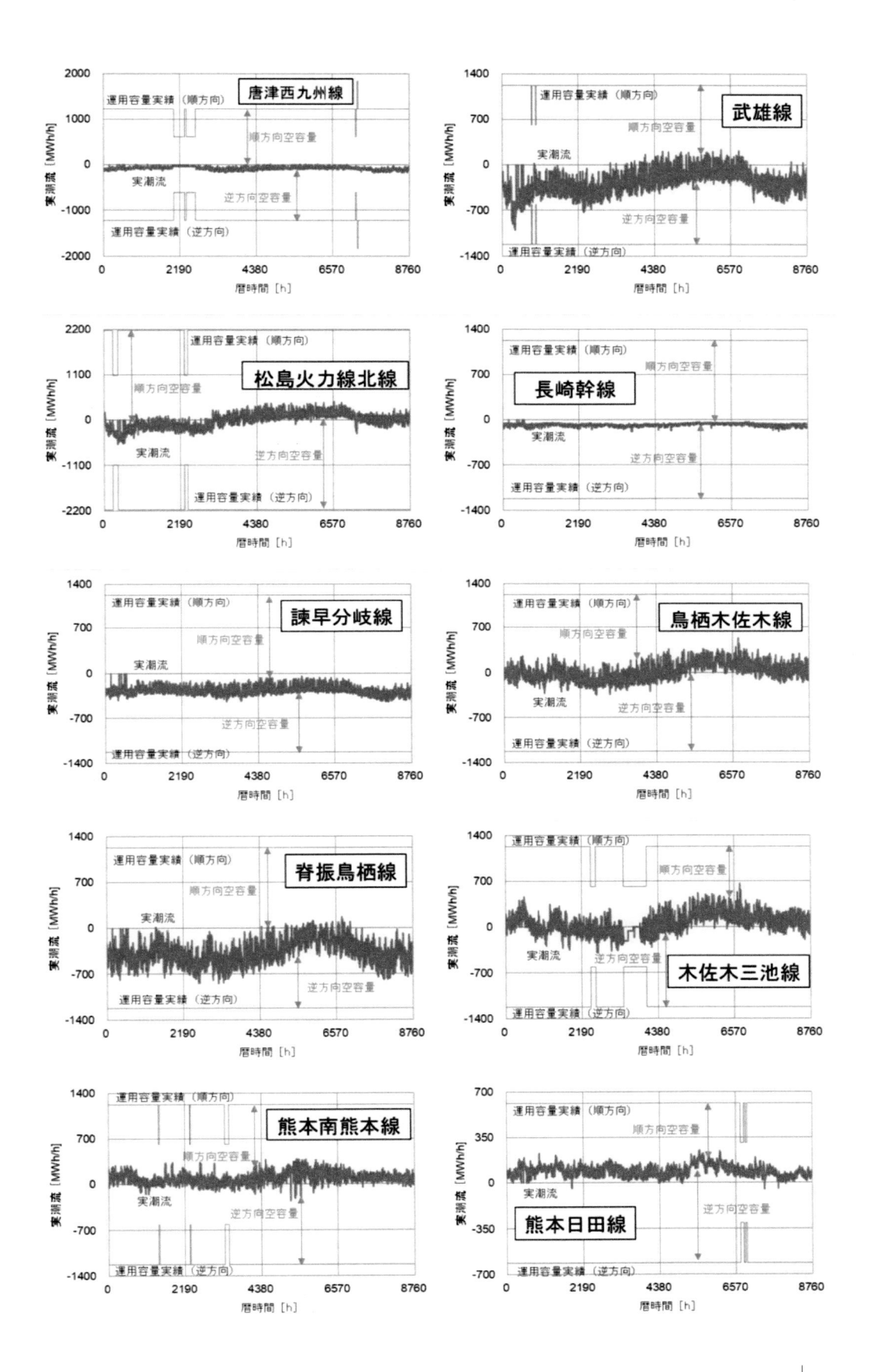

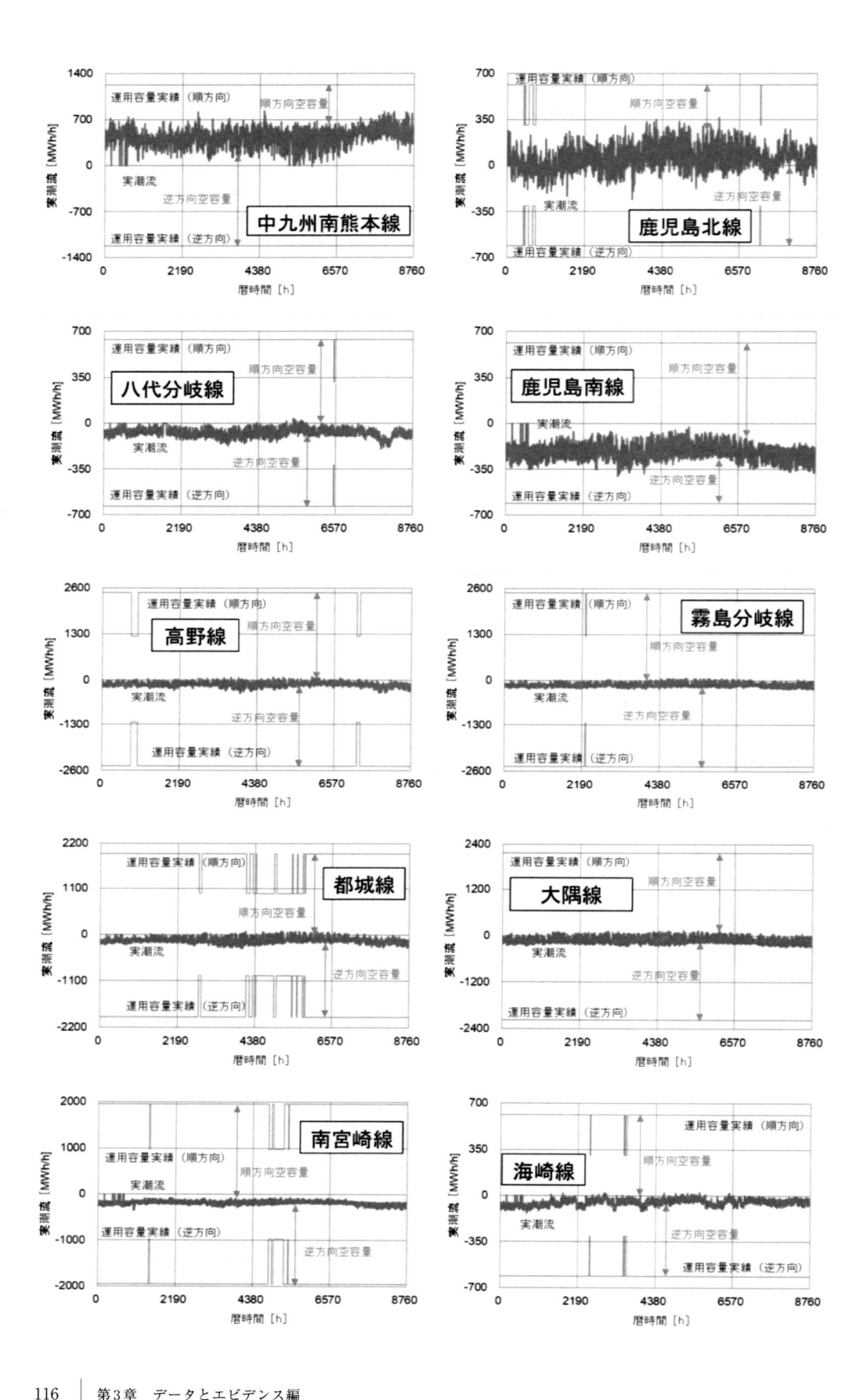

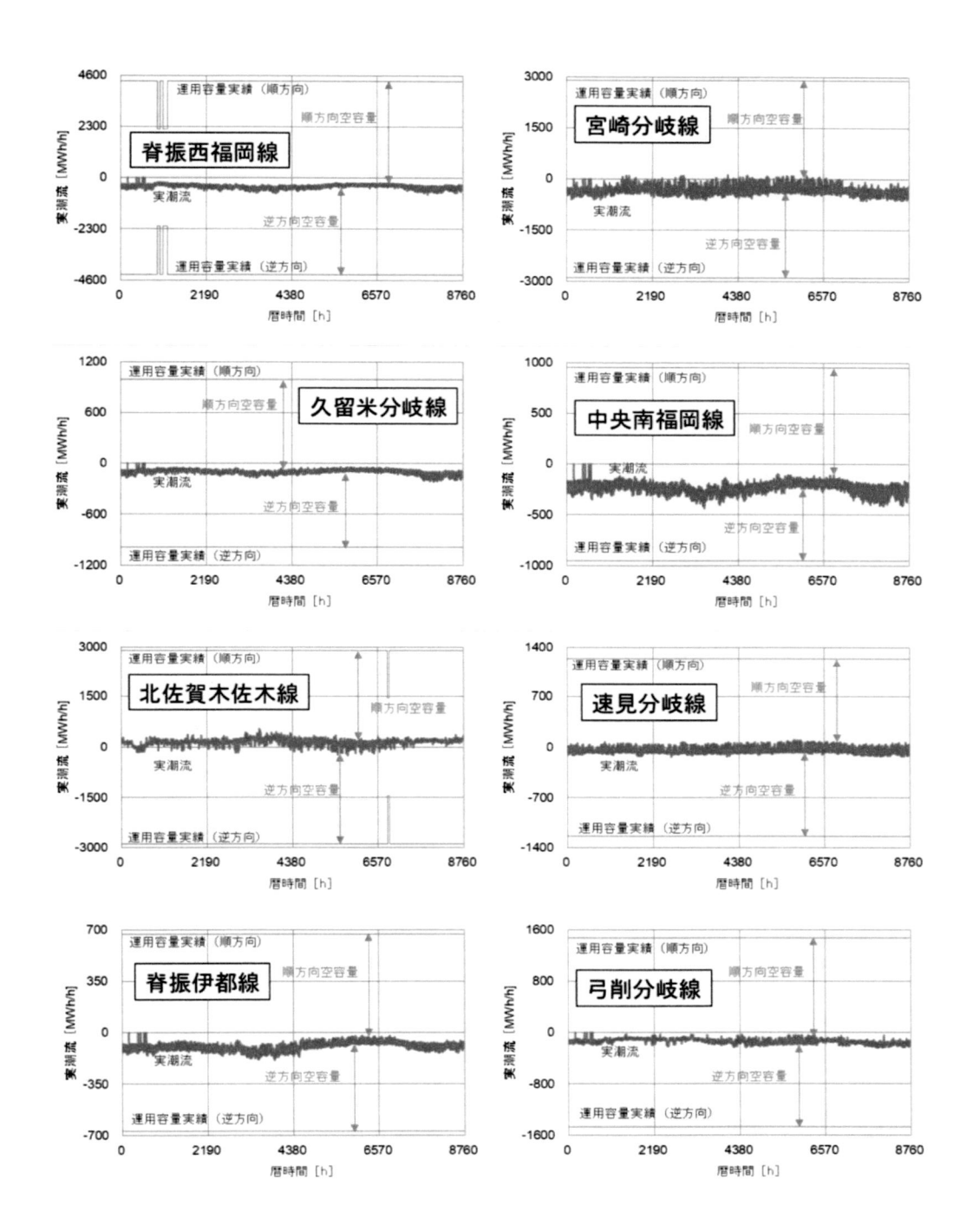

●沖縄電力（15路線）

・132kV（15路線）

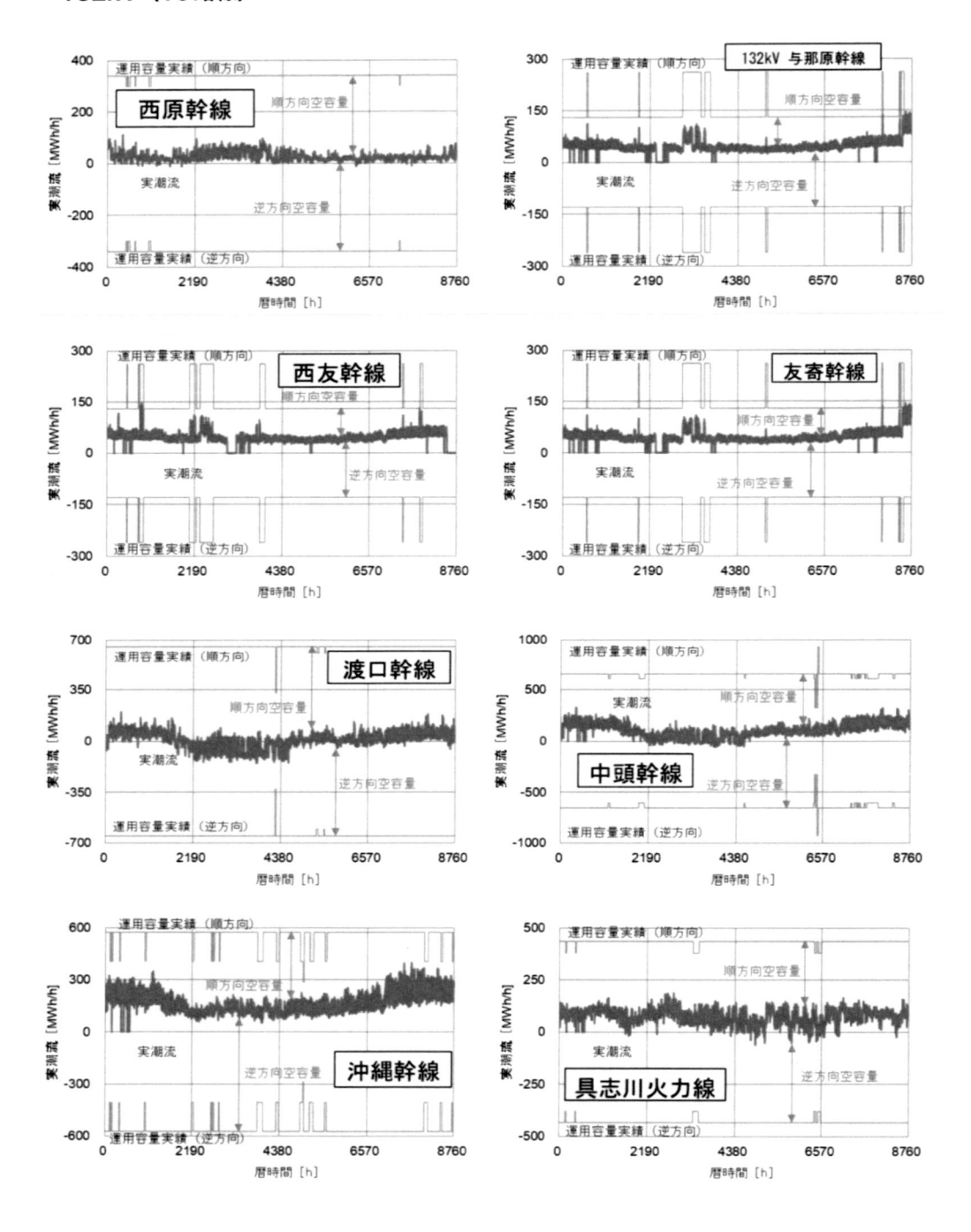

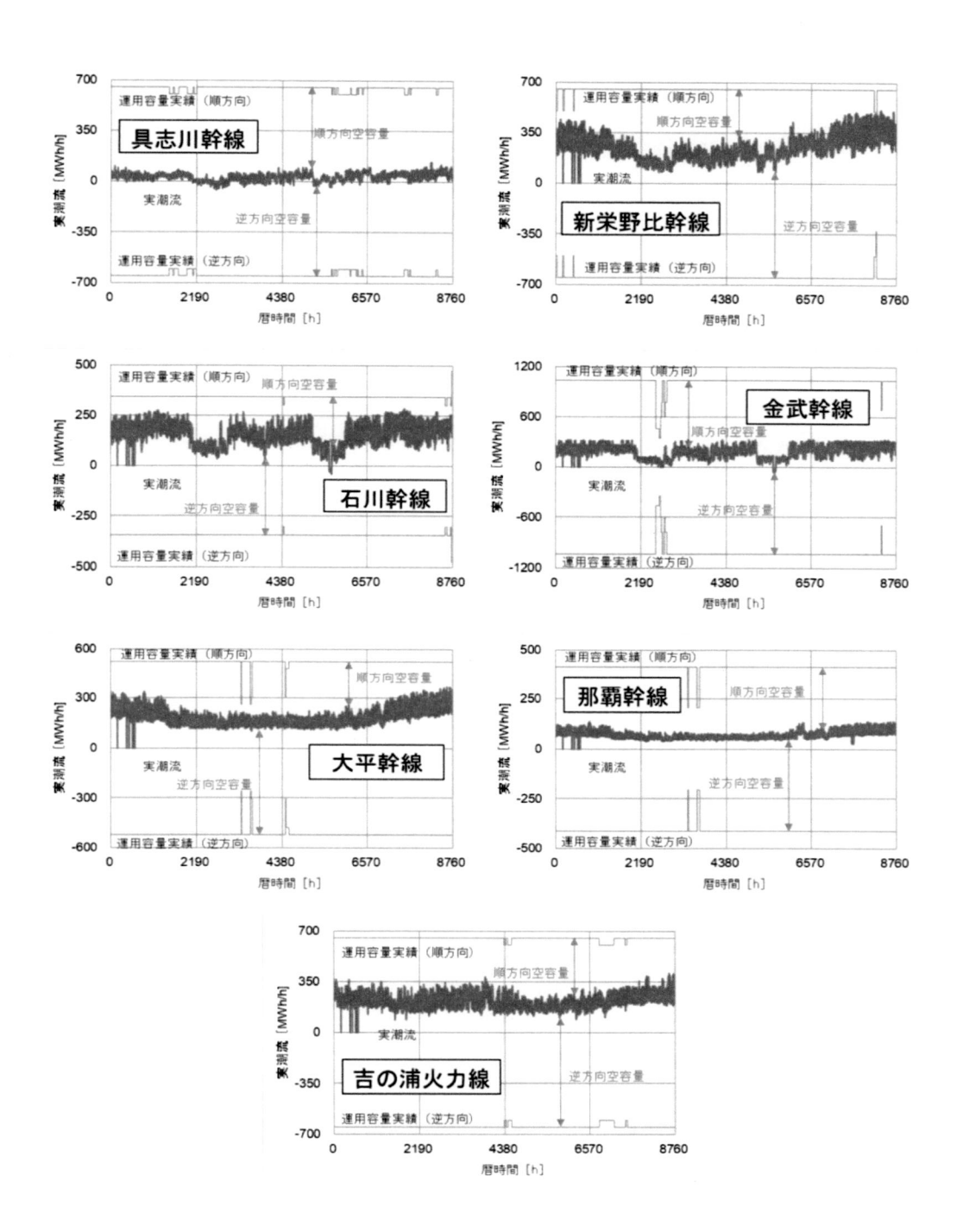

おわりに

　本書は、送電線の空容量問題に関して、エビデンスベースでの議論を喚起し、この問題の深層を深く理解するために緊急出版したものです。

　再生可能エネルギーの導入が世界中で進んでいる中、日本は先進国の中でも大きく立ち遅れた状態に置かれています。つい最近も国際再生可能エネルギー機関（IRENA）という国際機関の総会において、日本の現役の外務大臣が自国の再生可能エネルギーの低い水準について「嘆かわしいと思う」と公に述べるに至っています[38]。

　日本は再生可能エネルギーの導入促進のためにFIT（固定価格買取制度）を2012年に導入しました。それから5年経って太陽光は増えたものの、2016年の総発電電力量に対する導入率はわずか4.3%にすぎません。風力発電に至っては0.5%です（文献[39]より筆者算出）。前述の外務大臣の発言はこの数値の低さという厳然たる否定し難いデータから来ています。

　FITというせっかくのドライバー（推進政策）が施行されたのになかなかそれが進まないのは、行く手に多くのブレーキ（障壁）が立ちはだかっているからです。世間にはFITの失敗を喧伝する声もありますが、FITそのものの問題点というより、政策の不調和の問題が多いと筆者は見ています。その一つとして系統連系問題が挙げられます。そして、その系統連系問題の中での喫緊の大きな課題が送電線空容量問題です。

　本書の分析とデータからわかる通り、実潮流ベースで見ると、まだまだ空いている送電線は多いことが明らかになりました。議論すべき点は、空きがある／ない、利用率が高い／低いといった表層的な数値ではありません。また、停電になったらどうする！　という極論ではなく、電力の安定供給を損なわずに再エネを大量導入するにはどうしたらよいかという議論が前提です。その上で、なぜ「空容量がゼロ」という判断が下され、なぜ新規電源（その多くが再エネ電源）の接続の遅延や高額な系統増強費の請求が行われるのか？　という、意思決定の透明性・公平性が重要であることが、本分析の結果から浮かび上がってきました。

　送電線に「空きがない」と言われるのは、単純にルールや考え方が「今まで通り」の古いやり方で、再エネという最先端の新規技術に対応できていないだけです。そして、今まで通りの古いやり方では、この先日本がグローバルな国際競争に打ち勝って生き残って行ける、あるいは、穏やかな持続可能な社会を構築できる明るいビジョンはほとんどありません。

　我々の現状は、緩やかな下りのエスカレータを逆走するのと似ています。そのまま今まで通りの古いやり方で立ち止まっていてはどんどん下っていくしかありません。ゆっくりゆっくり歩いてもかろうじて同じ場所にとどまるだけです。相当の意思を持って着実に前に進まなければ下りエスカレータを逆行して上りきれないのです。「だからできない」と立ち止まる言い訳を考えるより、「こうすればできる」と前に進む提案をしなければなりません。

　本書は、企画から出版まで1カ月半という超短期の作業の中、多くの方に支えられて出版に漕

ぎつけることができました。本分析の膨大な結果をどこで公表すべきか迷っていた際に、千載一遇の機会を与えていただいたインプレスR&D社および宇津宏編集長には感謝の念が絶えません。山形県内の送電線の利用率の調査という、本研究の直接的なきっかけを与えていただいた京都大学再生可能エネルギー講座特任教授ならびにエネルギー戦略株式会社所長の山家公雄氏にも篤く御礼申し上げます。また、全国調査の際には、統計分析補助として一橋大学の学生諸君にお手伝いいただきました。週末を返上して家族の者にもデータチェックや原稿校正を付き合わせてしまいました。その他、本分析にあたっては多くの研究者や専門家（電力会社やメーカー、省庁・地方自治体の方も含む）からもご意見やアドバイスをいただきました。Q&Aには、筆者も実名でアカウントを持つTwitterやFacebookを通じた、さまざまな方々との議論が反映されています。ご議論に参加していただいた全ての方に、紙面を借りて御礼申し上げます。

近年、「EB-xx」というキーワードが世界中でじわじわと広がりつつあります。例えば、EBMとは、「根拠に基づく（エビデンスベースの）医療」のことで、客観的な疫学的観察や統計学による治療結果の比較など、最新最良の知見（エビデンス）を用いる医療のあり方です。同様に、EBPMは「根拠に基づく（エビデンスベースの）政策立案」になります。

エネルギー問題や電力問題は本来科学技術の分野の問題ですが、経済や政策、環境や社会などさまざまな分野とも横断的に関連しているためか、しばしば「～べき」といった主義主張が先行し、本来エビデンスベースが求められるはずの分野でエビデンスベースの議論が不足してしまっているように思えます。

確かなエビデンスやデータなく「～べき」論を展開することは、目隠しして全力疾走をするようなものです。立場の違うもの同士が同じデータを見て論理的・建設的に議論すること。それがエビデンスベースのエネルギー論の第一歩です。

本来、エネルギー論はエビデンスベースでないと成り立たないはずで、この「エビデンスベースのエネルギー論」という言葉自体、トートロジー（同語反復）なのですが、当たり前のことを敢えて言わなければならないほど、今の世の中は混迷しています。本書が、エビデンスと科学的論理性に基づく建設的な議論のきっかけとなれば幸いです。

参考文献

[1] 東北電力: 東北電力:東北北部における系統状況変化について
http://www.tohoku-epco.co.jp/jiyuka/04/tou.pdf

[2] 東洋経済新報社: 空き容量はゼロでも送電線はガラガラ, 特集『再エネが接続できない送電線の謎』, 2017年9月30日号

[3] 安田陽・山家公雄: 送電線に「空容量」は本当にないのか？, 京都大学再生可能エネルギー経済学講座コラム, 2017年10月2日掲載
http://www.econ.kyoto-u.ac.jp/renewable_energy/occasionalpapers/occasionalpapersno45

[4] 安田陽・山家公雄: 続・送電線に「空容量」は本当にないのか？, 京都大学再生可能エネルギー経済学講座コラム, 2017年10月5日掲載
http://www.econ.kyoto-u.ac.jp/renewable_energy/occasionalpapers/occasionalpapersno46

[5] 安田陽・山家公雄: 北海道・東北地方の地内送電線利用率分析と風力発電大量導入に向けた課題, 第39回風力エネルギー利用シンポジウム (2017)

[6] PIXTA: 送電塔イラスト
https://pixta.jp/illustration/15910050

[7] 経済産業省資源エネルギー庁: スペシャルコンテンツ: 送電線「空き容量ゼロ」は本当に「ゼロ」なのか？〜再エネ大量導入に向けた取り組み, 2017年12月26日
http://www.enecho.meti.go.jp/about/special/johoteikyo/akiyouryou.html

[8] 電力広域的運営推進機関: 送配電等業務指針, 平成29年4月1日変更
https://www.occto.or.jp/article/files/shishin170401.pdf

[9] 電力広域的運営推進機関: 系統情報サービス
http://occtonet.occto.or.jp/public/dfw/RP11/OCCTO/SD/LOGIN_login

[10] Y. Yasuda et al.: "An Objective Measure of Interconnection Usage for High Levels of Wind Integration", Proc. of 14th Wind Integration Workshop, WIW14-1227 (2014)

[11] 安田陽: 再生可能エネルギー大量導入のための連系線利用率の国際比較, 電気学会 新エネルギー・環境／メタボリズム社会・環境システム 合同研究会, FTE-16-002, MES-16-002 (2016)

[12] 北海道電力: 流通設備整備計画および系統空容量情報の公開について
http://www.hepco.co.jp/corporate/con_service/bid_info.html

[13] 東北電力: 電力系統（特別高圧）の状況
https://www.tohoku-epco.co.jp/jiyuka/04.htm

[14] 東京電力パワーグリッド: 当社における系統情報について
https://www4.tepco.co.jp/pg/consignment/system/index-j.html

[15] 中部電力: 系統空容量マッピング
https://www.chuden.co.jp/corporate/study/free/rule/map/index.html

[16] 北陸電力: 空容量等の情報公開（電力系統の利用）

http://www.rikuden.co.jp/rule/U_154seiyaku.html

[17] 関西電力: 流通設備建設計画・系統連系制約等について

http://www.kepco.co.jp/corporate/takusou/disclosure/ryutusetsubi.html

[18] 中国電力: 系統アクセス情報の公開

http://www.energia.co.jp/retailer/keitou/access.html

[19] 四国電力: 系統アクセス情報の公開

http://www.yonden.co.jp/business/jiyuuka/tender/index.html

[20] 九州電力: 系統情報の公開

http://www.kyuden.co.jp/wheeling_disclosure.html

[21] 沖縄電力: 系統連系制約および流通設備計画について

https://www.okiden.co.jp/business-support/service/rule/plan/index.html

[22] 電力広域的運営推進機関:（長期方針）流通設備効率の向上に向けて, 第26回 広域系統整備委員会資料1-(1), 2017年9月26日

[23] 山形県エネルギー政策推進プログラム見直し検討委員会: 第5回関連質疑応答 (2017)

[24] 相場茂・斉藤哲夫: 風力発電と太陽光発電 –出力抑制無補償期間内における最大導入量の相関–, 風力発電協会誌 (2016)

http://jwpa.jp/2016_pdf/90-52mado.pdf

[25] Wellnest Home: 送電端電力グラフ

https://wellnesthome.jp/energy/

[26] 電力広域的運営推進機関 広域系統整備委員会: 東北東京間連系線に係わる計画策定プロセスについて, 第14回資料1, 2016年6月24日

[27] Y. Yasuda et al.: International Comparison of Wind and Solar Curtailment Ratio, 15th Wind Integration Workshop, WIW15-111 (2015)

[28] 経済産業省資源エネルギー庁: スペシャルコンテンツ: 再エネの大量導入に向けて ～「系統制約」問題と対策, 2017年10月5日

http://www.enecho.meti.go.jp/about/special/tokushu/saiene/keitouseiyaku.html

[29] 安田陽: 系統連系問題, 植田和弘・山家公雄編:『再生可能エネルギー政策の国際比較』, 第6章, 京都大学学術出版会 (2017)

[30] 電力系統利用協議会 (ESCJ): 電力系統利用協議会ルール, 2014年12月16日最終改訂【現在は同機関は解散され、ルールも失効していることに留意】

[31] ENTSO-E: Ten-Years Network Development Plan 2016

[32] Federal Ministry for Economic Affairs and Energy (BMWi): "An Electricity Market for Germany's Energy Transition – White Paper by the Federal Ministry for Economic Affairs and Energy" (2015)

[33] United State Federal Energy Regulatory Commission (FERC): "Transmission Planning and Cost Allocation by Transmission Owning and Operating Public Utilities", Order No. 1000 (2011)

http://www.ferc.gov/whats-new/comm-meet/2011/072111/E-6.pdf

[34] 経済産業省資源エネルギー庁: 発電設備の設置に伴う電力系統の増強及び 事業者の費用負担等の在り方に関する指針（ガイドライン）, 2015年11月

[35] 電力広域的運営推進機関: 一般負担の上限額の設定について, 広域系統整備委員会第11回資料1 (2016年3月15日)

[36] European Union: Directive 2009/72/EC of the European Parliament and of the Council of 13 July 2009 concerning common rules for the internal market in electricity and repealing Directive 2003/54/EC

[37] European Union: Regulation (EC) No 714/2009 of the European Parliament and of the Council of 13 July 2009 on conditions for access to the network for cross-border exchanges in electricity and repealing Regulation (EC) No 1228/2003

[38] 毎日新聞: 河野外相 演説で日本批判　再エネ水準「嘆かわしい」, 2018年1月14日

[39] IEA: Electricity Information 2017 (web version)

著者紹介

安田 陽 (やすだ よう)

京都大学大学院 経済学研究科 特任教授

1989年3月、横浜国立大学工学部卒業。1994年3月、同大学大学院博士課程後期課程修了。博士（工学）。同年4月、関西大学工学部（現システム理工学部）助手。専任講師、助教授、准教授を経て、2016年9月よりエネルギー戦略研究所株式会社 取締役研究部長。京都大学大学院 経済学研究科 再生可能エネルギー経済学講座 特任教授。

現在の専門分野は風力発電の耐雷設計および系統連系問題。技術的問題だけでなく経済や政策を含めた学際的なアプローチによる問題解決を目指している。現在、日本風力エネルギー学会理事。IEA Wind Task25（風力発電大量導入）、IEC／TC88／MT24（風車耐雷）などの国際委員会メンバー。

主な著作として「再生可能エネルギーのメンテナンスとリスクマネジメント」、「世界の再生可能エネルギーと電力システム　風力発電編」（インプレスR&D）、「日本の知らない風力発電の実力」（オーム社）、翻訳書（共訳）として「洋上風力発電」（鹿島出版会）、「風力発電導入のための電力系統工学」（オーム社）など。

◎本書スタッフ

アートディレクター/装丁：　岡田 章志＋GY
イラスト制作：　ウイリング
デジタル編集：　栗原 翔

◎免責事項

本書を発行するにあたっては、その分析結果や内容に誤りがないようできる限りの注意を払いましたが、その完全な正確性を保証するものではありません。本書の内容を適用した結果、また適用できなかった結果について、著者、出版社とも一切の責任を負いませんのでご了承ください。

●お断り

掲載したURLは2018年1月31日現在のものです。サイトの都合で変更されることがあります。また、電子版ではURLにハイパーリンクを設定していますが、端末やビューアー、リンク先のファイルタイプによっては表示されないことがあります。あらかじめご了承ください。

●本書の内容についてのお問い合わせ先

株式会社インプレスR&D　メール窓口
np-info@impress.co.jp
件名に「『本書名』問い合わせ係」と明記してお送りください。
電話やFAX、郵便でのご質問にはお答えできません。返信までには、しばらくお時間をいただく場合があります。なお、本書の範囲を超えるご質問にはお答えしかねますので、あらかじめご了承ください。
また、本書の内容についてはNextPublishingオフィシャルWebサイトにて情報を公開しております。
https://nextpublishing.jp/

●落丁・乱丁本はお手数ですが、インプレスカスタマーセンターまでお送りください。送料弊社負担に てお取り替えさせていただきます。但し、古書店で購入されたものについてはお取り替えできません。
■読者の窓口
インプレスカスタマーセンター
〒 101-0051
東京都千代田区神田神保町一丁目 105 番地
TEL 03-6837-5016／FAX 03-6837-5023
info@impress.co.jp
■書店／販売店のご注文窓口
株式会社インプレス受注センター
TEL 048-449-8040／FAX 048-449-8041

送電線は行列のできるガラガラのそば屋さん？

2018年2月23日　初版発行Ver.1.0（PDF版）

著　者	安田 陽
編集人	宇津 宏
発行人	井芹 昌信
発　行	株式会社インプレスR&D
	〒101-0051
	東京都千代田区神田神保町一丁目105番地
	https://nextpublishing.jp/
発　売	株式会社インプレス
	〒101-0051　東京都千代田区神田神保町一丁目105番地

●本書は著作権法上の保護を受けています。本書の一部あるいは全部について株式会社インプレスR＆Dから文書による許諾を得ずに、いかなる方法においても無断で複写、複製することは禁じられています。

©2018 Yoh Yasuda. All rights reserved.

印刷・製本　京葉流通倉庫株式会社
Printed in Japan

ISBN978-4-8443-9816-5

NextPublishing®
●本書はNextPublishingメソッドによって発行されています。
NextPublishingメソッドは株式会社インプレスR&Dが開発した、電子書籍と印刷書籍を同時発行できるデジタルファースト型の新出版方式です。https://nextpublishing.jp/